약 안 치고
**농사짓기**

약 안 치고
농사짓기

보리

※ 보리살림총서를 펴내며

## 기초 살림이 튼튼해야 나라가 산다

　보리에서 '보리살림총서'를 내기로 마음먹은 지는 꽤 오래됩니다. 나라 살림이 넉넉해지려면 집안 살림에서 마을 살림, 지역 살림, 전체 살림이 고루 잘 이루어져야 하겠지요.
　그 가운데서도 모든 살림의 바탕이 되는 들 살림, 바다 살림, 산 살림 같은 기초 살림이 튼튼해야 그것을 바탕으로 다른 살림도 흔들리지 않을 수 있습니다. 더구나 우리나라처럼 오랫동안 들 살림을 야무지게 꾸려 식량을 자급자족해온 나라에서는 무엇보다 앞서는 것이 농촌 살림입니다. 게다가 우리나라는 산이 전체 면적의 70퍼센트에 이르고, 삼면이 바다로 둘러싸여 있습니다.

우리가 산 살림, 들 살림, 바다 살림을 잘 꾸리면 세계 그 어느 나라보다 더 잘살 수 있는 까닭이 여기에 있습니다. 그런데 60년이 넘게 우리 살림이 2차 산업과 3차 산업이 중심인 도시 살림 위주로 꾸려지다 보니 기초 살림인 산·들·바다 살림은 뒷전으로 밀려나게 되었습니다.

사람 몸이 기계로 바뀌어 시멘트 가루나 컴퓨터 칩으로 움직일 수 있다면 모를까 아침저녁으로 밥을 먹어야 살 수 있으므로, 무엇보다 앞서는 것은 먹을 것을 장만하는 일입니다. 그러나 한번 우리의 살림 형편을 둘러보십시오. 젊은이들이 없어서 농촌 살림은 거덜이 나고 있습니다(산 살림과 바다 살림이라고 해서 예외는 아닙니다). 젊은이들이 손과 발, 그리고 몸을 놀려서 일하는 교육은 받지 않고 도시로 몰려들어 머리 굴리는 교육만 받고 있으니 노인네들이 들 살림을 할 수밖에 없고, 힘이 없으니 땅을 병들게 하고 결국은 사람 몸까지 해치는 농약과 살초제를 흠뻑 뿌릴 수밖에 없는 지경입니다.

주곡의 자급률은 해마다 곤두박질쳐서 이제 20퍼센트를 간신히 웃돌고 있는 형편입니다. 그런데도 나라 살림을 책임지겠다고 나서는 사람들 가운데 기초 살림인 들 살림은커녕 산과 바다 살림을 제대로 익힌 사람은 눈을 씻고 찾아보아도 없습니다. 이러고도 독립국가라고 내세우다니, 식량 자급이 없어도 외세에 맞설 수 있다고 생각하고 있다니 소가 웃을 일입니다.

　이런 뉘우침 가운데 '보리살림총서'가 기획되고, 그 첫 발자국으로 《약 안 치고 농사짓기》를 펴내게 되었습니다. 읽어보면 이 책이 우리 기초 살림에 보탬이 되면서도 사람이나 집짐승에게 해를 끼치지 않고, 자연생태계를 보호하면서 더불어 사는 길을 찾는 데 큰 도움이 된다는 것을 저절로 느끼게 되리라 믿습니다.
　참고로 한마디 더 말씀드리자면, 민족의학연구원 편집실 이름으로 엮은 이 책은 북녘에서 낸 《고려 식물성 농약》이라는 책자에 큰 빚을 지고 있습니다. 오랫동안 임상 경험을 거쳐서 이 책을 묶은 북녘 형제들에게 진 빚을 갚을 수 있는 날이 빨리 오기를 바랍니다.

2012년 11월

윤구병(농부·철학자)

# 차례

- 보리살림총서를 펴내며 · 5

## 01 식물성 농약

## 02 식물성 농약의 작용

살충제 작용 · 23

살균제 작용 · 29

살초제 작용 · 33

식물 생장자극제 작용 · 34

영양 성분작용 · 38

농작물 보호작용 · 40

화학 농약의 효과를 높이는 작용 · 41

## 03 식물성 농약의 원료

식물성 농약의 원료 채취 · 46

식물성 농약의 원료 가공 · 53

식물성 농약의 원료 포장 · 56

식물성 농약의 원료 보관 · 58

## 04 식물성 농약 만드는 방법

젖은 원료를 찧거나 잘게 썰어 만드는 방법 · 63

말린 원료로 식물성 농약 추출물을 만드는 방법
   추출과정 · 64 | 추출에 영향을 주는 주요 요인 · 66
   추출방법 · 69 | 추출물의 증발 농축 · 73

식물성 농약 가루 만드는 방법

   가루내기 · 73 | 체치기 · 74 | 가루약 섞기 · 75

식물 추출물 – 영양원소 복합제 만드는 방법 · 75

식물성 농약 생산을 산업화할 때 생기는 문제 · 76

복합제형 식물성 농약 생산에서 고려할 점

   식물 성분의 상호간 화학 반응 · 77 | 높은 열의 작용 · 78

   미생물 감염 · 79 | 배합 원칙 · 80

## 05 식물성 농약의 사용

식물성 농약의 다양한 사용방법

   씨앗 처리 · 85 | 모판 처리 · 87 | 밭 처리 · 88 | 낟알 보관 · 90

## 06 주요 식물성 농약

농업 부산물로 만든 식물성 농약

  ▶ 곡류 작물 부산물로 만든 식물성 농약

   볏짚 추출물 · 94 | 옥수숫짚 추출물 · 98 | 밀짚 추출물 · 99

   보릿짚 추출물 · 101 | 귀릿짚 추출물 · 102 | 메밀짚 추출물 · 103

콩짚 추출물 · 104 | 강낭콩짚 추출물 · 105
감자의 잎과 줄기 추출물 · 106 | 고구마줄기 추출물 · 107

▶ 채소 작물로 만든 식물성 농약
양배추 추출물 · 108 | 시금치 추출물 · 109 | 상추 추출물 · 110
미나리 추출물 · 110 | 갓 추출물 · 111 | 무잎 추출물 · 112
파 추출물 · 113 | 양파 추출물 · 115 | 고추냉이 추출물 · 115
오이덩굴 추출물 · 116 | 호박덩굴 추출물 · 117
토마토의 잎과 줄기 추출물 · 118 | 고추 추출물 · 120
가지의 잎과 줄기 추출물 · 121

▶ 공예 작물로 만든 식물성 농약
담뱃대 추출물 · 122 | 박하 찌꺼기 추출물 · 126
참깻잎 추출물 · 127 | 피마자대 추출물 · 128

▶ 먹이 작물로 만든 식물성 농약
국화풀 추출물 · 130 | 자주개자리 추출물 · 131
컴프리 추출물 · 132

## 나뭇잎류로 만든 식물성 농약

▶ 유실수로 만든 식물성 농약
졸참나무 잎 추출물 · 133 | 밤나무 잎 추출물 · 135
복사나무 잎 추출물 · 136 | 배나무 잎 추출물 · 137
가래나무 잎 추출물 · 138 | 다래나무 추출물 · 139

▶ 활엽수로 만든 식물성 농약

가막살나무 추출물 · 140 | 가죽나무 추출물 · 141

노박덩굴 추출물 · 142 | 다릅나무 추출물 · 143

멀구슬나무 추출물 · 144 | 버드나무 추출물 · 145

아까시나무 추출물 · 146

▶ 침엽수로 만든 식물성 농약

가문비나무 추출물 · 147 | 노간주나무 추출물 · 148

분비나무 추출물 · 149 | 소나무 추출물 · 150

풀류로 만든 식물성 농약

도꼬마리 추출물 · 153 | 독말풀 추출물 · 154

독미나리 추출물 · 155 | 둥굴레 추출물 · 156

들국화 추출물 · 157 | 물레나물 추출물 · 158

민들레 추출물 · 159 | 미나리아재비 추출물 · 160

삼지구엽초 추출물 · 161 | 상사화 추출물 · 162

쇠뜨기 추출물 · 163 | 애기똥풀 추출물 · 164

조뱅이 추출물 · 165 | 질경이 추출물 · 165

제충국 추출물 · 166 | 창포 추출물 · 169

천남성 추출물 및 혼합 약제 · 171 | 천수국 추출물 · 173

파리풀 추출물 · 174 | 할미꽃 추출물 · 175

쑥 추출물 · 176 | 명아주 추출물 · 179 | 여뀌 추출물 · 180

익모초 추출물 · 181 | 달래 추출물 · 182

해조류로 만든 식물성 농약

    스피룰리나 추출물 · 182 | 다시마 추출물 · 183

제품 형태의 식물성 농약

    인돌아세트산 · 184 | 레시틴 에멀션 · 188 | 염화콜린 물약 · 189

    클로르메퀴트 · 190 | 유산니코틴 용액 · 192

    트리아콘타놀 · 193 | 알란토인 · 196

## 07 식물성 농약을 쓸 때 주의할 점

**식물성 농약을 생산할 때 주의할 점 · 201**

**식물성 농약을 사용할 때 지켜야 할 점 · 202**

**식물성 농약을 보관할 때 주의할 점 · 205**

| 일러두기 |

이 책은 북녘의 농업종합출판사에서 나온 《고려 식물성 농약》을 우리 실정에 맞게 수정하여 펴낸 책이다.

# 1

## 식물성 농약

식물성 농약이란 식물 가운데 살충·살균·살초 작용이 있고, 식물의 생장을 조절하며, 비료작용을 하는 성분을 추출해 만든 약제를 말한다. 다시 말해서 식물성 농약은 농작물에 해로운 병해충, 잡초 따위를 없애거나 농작물이 잘 자라게 하는 성분과 비료효과가 있는 영양 성분을 종합적으로 추출해 만든 약제다. 여기에 제품의 안정성과 농약효과를 높이기 위해 방부제, 안정제와 같은 것을 섞을 수 있고, 비료효과를 높이기 위해 영양원소, 희토류 원소, 아미노산, 비타민, 핵산 따위를 비롯한 영양물질을 넣을 수도 있다. 이렇게 만든 생물제제, 생물약, 생물활성제, 영양형 식물생장조절제, 식물증산조절제, 활성액비를 식물성 비료라고 한다.

식물성 농약은 식물에서 필요한 성분을 추출해 만들었기 때문에 농작물에 가장 알맞은 여러 가지 장점을 가지고 있다. 식물성 농약은 병해충 피해를 미리 막아줄 뿐 아니라 농작물에 피해를 주는 병해충을 없애거나 억제시키며, 병해충 피해를 입은 농작물의 생육 상태를 회복시켜준다. 또한 사람이나 집짐승에게는 해롭지 않으며, 자연생태계를 보호하고 농약작용, 생장촉진작용, 비료효과가 있다. 그러므로 식물성 농약은 식물성 살충제, 식물성 살균제, 식물성 살초제, 식물성 생장조절제로 나눌 수 있다.

식물성 농약 활성 성분은 매우 다양하지만 모두 식물 생장에 필요한 성분으로 일정한 작용을 하는 특성이 있다. 일반적으로 식물성 농약의 활성 성분은 화학 농약의 성분에 비해 독성이 약하다. 그러므로 병해충을 금방 없애기보다 섭식활동을 떨어뜨리거나 발육을 억제하고 생식활동을 방해하기 때문에 효과가 천천히 나타난다. 또한 일부 활성 성분은 살충작용으로 농작물을 보호하며, 어떤 성분은 배합할 때 작용 범위가 넓어져 농작물을 다양한 병해충의 피해로부터 보호한다. 이와 같이 식물성 농약 활성 성분은 종류별로 서로 다른 작용을 하지만, 많은 경우 한 가지 성분이 생물체의 기능을 증진시키거나 억제하는 여러 가지 효과를 나타내기도 한다. 이를테면 볏짚에 들어 있는 페놀 성분(특히 방향족 카복실산인 살리실산)은 살충·살균 작용을 할 뿐 아니라 식물의 생장을 조절하고 잡초를 없애는 작용도 한다.

살리실산(salicylic acid)은 식물 호르몬의 하나로 불리한 환경을 인식하는 신호물질이며 병충해, 가뭄, 냉해, 염풍해와 같은 열악한 환경에서도 잘 견딜 수 있게 해주는 중요한 역할을 한다. 또한 농작물 성장에도 좋은 영향을 주어 수확량을 높인다.

식물성 농약으로 널리 쓰이는 졸참나무 잎, 솔잎, 쑥 따위와 다른 여러 가지 식물 잎에는 타닌 성분이 들어 있다. 타닌 성분은 단백독(蛋白毒), 세포독(細胞毒), 효소독(酵素毒)으로 살충·살균 작용을 하며 식물의 생장을 조절한다. 또 과산화분해효소의 활성을 높이고 강한 항산화작용(산소와 결합하여 물질이 변성되는 것을 막는 작용)으로 식물의 생육을 이롭게 하고 수확량을 높인다. 20여 종의 식물성 농약을 시험한 것에 따르면 트리아콘타놀과 콜린도 살충·살균 작용과 함께 생장을 조절했다.

그 밖에 볏짚, 쑥, 참나뭇과의 여러 나무, 소나무, 미루나무, 양버즘나무, 버드나무, 은행나무 따위의 잎에도 타닌을 비롯한 페놀, 트리아콘타놀, 콜린 따위가 많이 들어 있어 농약 원료로 쓸 수 있다.

순수 트리아콘타놀 제품은 물에 분산시키기 위해 분산제, 용해보조제를 써야 하지만 식물에 들어 있는 트리아콘타놀은 여러 가지 생체 성분에 의해 교질입자 이하의 작은 입자로 분산되어 잘 우러나기 때문에 농약으로 쓰기 매우 편리하다.

담배에 들어 있는 니코틴 성분은 일정 농도에서는 강한 살충작용을 하지만 낮은 농도에서는 해충의 섭식활동을 떨어뜨린다. 담뱃잎 추출물을 낮은 농도로 만들어 뿌리면 적은 양의 니코틴이 잎에 흡수되는데, 그 잎을 먹은 벌레의 섭식활동이 떨어져 벌레가 15일 뒤에 죽게 된다. 담뱃잎 추출물에는 수크로스 에스테르(sucrose ester)라는 물질이 들어 있는데, 이것은 화학 농약에 저항성이 높은 온실진딧물, 사과응애, 흰파리의 섭식과 산란을 방해해 없앤다. 또한 담뱃잎 추출물에는 유기산을 비롯한 여러 성분도 들어 있다. 이 성분들은 낮은 농도에서도 살충·살균 작용을 하며 식물의 생장을 조절하는 작용을 한다.

식물성 농약은 화학 농약과는 달리 병해충에 저항성이 잘 생기지 않으며, 약효가 길고(10~12일), 선택적으로 병해충에 작용하며, 효과가 뛰어나다. 또 원료가 풍부하고 생산과 사용방법이 간단하며, 원가가 적게 들고 손쉽게 만들 수 있다. 그러므로 식물성 농약은 농작물의 씨앗 처리부터 생육 기간에 걸쳐 체계적으로 알맞게 쓰면 확실한 효과를 얻을 수 있다.

# 2

# 식물성 농약의 작용

살충제 작용
살균제 작용
살초제 작용
식물 생장자극제 작용
영양 성분작용
농작물 보호작용
화학 농약의 효과를 높이는 작용

병해충과 논밭의 잡초 피해를 막는 것은 농작물의 수확량을 높이는 중요한 방법이다. 농작물은 병해충과 잡초의 피해만 막아도 30퍼센트에 이르는 생산량 증가효과를 얻을 수 있다. 병해충과 잡초의 피해로부터 농작물을 보호하려면 식물성 농약이 어떤 작용을 하는지 알고 그것을 효과 있게 써야 한다.

### 살충제 작용

식물성 농약은 해충의 피해로부터 농작물을 보호해준다. 다양한 경로를 통해 해충의 몸에 흡수되어 물질대사과정을 파괴하거나 해충의 섭식활동을 떨어뜨림으로써 해충을 없앤다.

160여 종의 식물성 농약으로 양배추가루진딧물과 배추벌레(배추흰나비의 애벌레)에 대한 살충효과를 시험한 결과는 다음과 같다.

**양배추가루진딧물**

독말풀은 100배로 우려낸 추출물에서 90퍼센트 이상의 살충률을 보이며 달래, 반하, 제충국, 털독말풀, 독말풀, 산초나무, 바꽃, 이삭바꽃, 전나무, 분비나무, 가문비나무, 측백나무는 40배로 우려낸 추출물에서 50퍼센트 이상의 살충률을 보인다. 박새, 톱풀, 사슴국화, 민들레, 담배, 가죽나무, 소태나무, 황벽나무, 궁궁이, 너삼, 애기똥풀, 큰제비고깔, 향나무, 아마, 천수국, 만수국, 쑥은 20배로 우려낸 추출물에서 50퍼센트 이상의 살충률을 보인다. 너삼, 할미꽃, 큰제비고깔, 쑥국화는 10~15배로 우려낸 추출물에서 70퍼센트 이상의 살충률을 보인다.

또 비비추, 톱풀, 수레국화, 산국, 절굿대, 도꼬마리, 가막사리, 방가지똥, 코스모스, 인동, 넓은잎딱총나무, 개오동나무, 까마중, 족제비싸리, 미나리아재비, 개구리자리, 대극, 피마자, 쇠비름, 백산차, 떡갈나무, 회향, 소회향, 당근, 오수유, 복사나무, 미치광이풀, 여뀌, 수영, 오리나무, 자작나무, 은행나무, 주목, 창포, 석창포는 10배로 우려낸 추출물에서 50퍼센트 이상의 살충률을 보이며 우엉, 진득찰, 꽈리, 가지, 고수, 토마토, 감자는 5배로 우려낸 추출물에서 50퍼센트 이상의 살충률을 보인다.

### 배추벌레

박새, 반하, 제충국, 쑥국화, 독말풀, 파리풀, 산초나무, 바꽃은 40배로 우려낸 추출물에서 50퍼센트 이상의 살충률을 보이며 사슴국화, 민들레, 넓은잎딱총나무, 개오동나무, 담배, 미치광이풀, 가죽나무, 귀룽나무, 애기똥풀, 아마, 명아주, 오리나무, 까마중은 20배로 우려낸 추출물에서 50퍼센트 이상의 살충률을 보인다. 톱풀, 산톱풀, 코스모스, 우엉, 쑥, 방가지똥, 인동, 고수, 토마토, 가지, 감자, 소태나무, 오수유, 황벽나무, 다릅나무, 궁궁이, 전동싸리, 갓, 피마자, 여뀌, 왕호장근, 수영, 소루쟁이, 은행나무, 전나무, 분비나무, 가문비나무는 10배로 우려낸 추출물에서 50퍼센트 이상의 살충률을 보이며 창포, 석창포, 개똥쑥, 황해쑥, 단풍나무, 사철쑥, 들국화, 절굿대, 진득찰, 도꼬마리, 가막사리, 사리풀, 짜리, 소엽, 복사나무, 개구리자리, 자작나무, 소나무, 잎갈나무, 노간주나무, 향나무, 측백나무는 5배로 우려낸 추출물에서 50퍼센트 이상의 살충률을 보인다.

식물성 농약에 들어 있는 대표적인 살충 성분은 담배에서 추출한 알칼로이드 화합물인 니코틴과 제충국에서 추출한 테르페노이드 화합물인 피레트린이다. 니코틴은 진딧물처럼 빨아먹는 입을 가진 해충의 신경을 마비시켜 죽이며, 정온동물에도 독성이 강하다.

살충작용이 있는 알칼로이드 성분은 박새, 여로, 멀구슬나무, 활나물, 죽사초, 미치광이풀, 독말풀, 너삼, 파부초, 바꽃, 애기똥풀에도 많이 들어 있다. 많은 양의 알칼로이드 성분은 사람에게 해롭지만 식물성 농약에 들어 있는 알칼로이드 성분은 합성 화학 농약에 비해 독성이 낮은 천연 농약에 속한다.

제충국에 들어 있는 피레트린, 담배에 들어 있는 수크로스 에스테르와 같은 에스테르 화합물은 해충에게는 독성이 강하지만 정온동물에게는 약하다. 또 독버섯에 들어 있는 아미노산인 트리콜롬산, 이보텐산, 독버섯과 독미나리에 들어 있는 독단백, 천수국과 만수국에 들어 있는 테르티에닐에는 모두 살충작용이 있다.

식물성 농약은 다음과 같은 살충작용을 한다.

첫째, 일정 농도에서 해충의 섭식활동을 떨어뜨림으로써 해충의 피해를 막는다. 담배 추출물을 농작물에 뿌리면 니코틴 성분이 잎에 흡수되어 해충의 섭식활동을 떨어뜨린다. 그 밖에도 진딧물의 섭식활동을 떨어뜨리는 식물은 나래박쥐나물, 활나물, 다릅나무, 개느삼, 너삼, 애기똥풀, 싸리 추출물 따위가 있다. 그리고 감자의 잎과 줄기 추출물에 들어 있는 솔라닌과 개자유 배당체, 댕댕이덩굴 추출물에 들어 있는 이소볼딘, 가짓속 식물 추출물에 들어 있는 데미신은 모두 해충의 섭식활동을 강하게 방해한다. 또 토마토의 잎과 줄기 추출물에 들어 있는 토마틴은 잎벌레의 섭식활동을, 쿠마린은 채소바구미의 섭식활동을, 가래나무와 호두나무 추출물에 들어 있는 주글론은 해충의 섭식활동을 떨어뜨린다. 볏과 작물 추출물에 들어 있는 글라민과 호르데인, 박새 추출물에 들어 있는 베라트라민, 독말풀 추출물에 들어 있는 히오시아민, 쪽 추출물에 들어 있는 아브신틴도 해충의 섭식활동을 떨어뜨린다. 특히 쓴꽃냉이 추출물에 들어 있는 엘라메트리이드는 배추벌레의 섭식활동을, 담배 추출물에 들어 있는 수크로스 에스테르는 온실진딧물, 진딧물, 흰파리의 섭식활동을 완전히 떨어뜨린다.

둘째, 해충의 교미를 혼란시키고 산란을 자극하거나 방해하며, 산란한 알이 부화하지 못하게 함으로써 해충의 피해를 막는다. 담배 추출물에 들어 있는 수크로스 에스테르가 대표적 성분이다. 배추를 비롯한 채소 추출물에 들어 있는 시니그린, 글루코브라시신은 일정 농도에서 해충의 산란을 완전히 막는다. 가지, 고추, 양배추, 천수국 뿌리에서 분비되는 씨이오펜은 해충의 산란을 억제하는 작용을 한다. 이처럼 식물성 농약은 해충의 생장, 변태, 교미를 억제하는 작용을 한다.

셋째, 해충을 쫓거나 유인함으로써 농작물을 보호한다. 천수국, 만수국, 전동싸리, 오리나무, 귀룽나무 추출물은 토양 해충을 쫓고 역삼, 고수, 향미나리, 갓, 범부채, 겨자, 메밀 추출물은 채소 해충을 쫓는다. 또 역삼, 고수, 향미나리, 딱총나무, 백산차, 토마토 추출물은 과일나무 해충을 쫓고 창포, 쑥, 도꼬마리 추출물은 창고 해충을 쫓는다. 그리고 빨아먹는 입 기관을 가진 해충을 쫓는 식물성 농약으로는 메타세쿼이아, 귀룽나무, 밤나무, 역삼 추출물을 쓴다. 이와 같은 식물을 해충이 많이 생기는 밭에 섞어짓기하거나 약을 만들어 뿌리면 좋다.

넷째, 쥐나 새를 비롯해 농작물에 피해를 주는 해로운 짐승과 새를 쫓음으로써 농작물을 보호한다. 쥐를 잡는 데 효과가 있는 식물성 농약은 박새, 독미나리, 큰꽃마리 추출물이 있으며, 새를 쫓는 데 효과가 있는 식물성 농약은 양파와 파 추출물이 있다.

실험 결과 참나뭇과에 속하는 졸참나무 잎 추출물을 논에 뿌렸더니 벼물바구미가 사라졌다. 특히 볏짚이나 쑥, 떡갈나무, 신갈나무, 졸참나무, 갈참나무 잎 추출물에 델타메트린을 정보(땅 넓이의 단위로 1정보는 3,000평이며 약 9,917제곱미터에 해당한다)당 20그램 정도 섞어 뿌렸더니 벼물바구미를 죽이는 데 뛰어났고, 그 주변 논에 있던 해충까지 사라졌다. 또한 휘발성 화합물도 해충을 쫓는 작용을 한다. 그러므로 휘발성 성분을 가진 박하나 분비나무 정유를 식물성 농약으로 쓰면 좋다.

다섯째, 해충을 유인해 죽인다. 식물성 농약에 들어 있는 올레산, 리놀레산과 같은 불포화지방산과 아미노산인 글루타민은 구멍바구미를 유인한다. 볏짚 추출물에 들어 있는 오리자놀은 이화명나방을, 감자의 잎과 줄기 추출물에 들어 있는 아세트알데히드는 감자잎벌레를, 채소 추출물에 들어 있는 개자유 배당체는 검정등줄벼룩잎벌레를 유인한다.

여섯째, 농작물의 병해충 방어 기능을 높여 병충해를 막는다. 식물이 병해충의 피해를 입으면 신호 전달물질 기능이 활발해지고 방어물질을 형성해 자체의 방어 기능이 활발해진다. 농작물은 피해 신호를 받으면 식물체 안에서 페놀성 화합물과 리그닌의 생합성(생물체 안에서 세포작용으로 유기물질을 합성하는 물질대사)이 활발하게 진행되며 식물 조직이 단단해진다. 따라서 병해충이 농작물을 잘 먹지 못한다. 또한 피해 신호를 받으면 감염 특이적 단백질(PR 단백질, pathogenesis-Related Proteins)이 형성되어 해충과 미생물 활동에 저항한다. 이러한 PR 단백질을 활성화시키는 피해 신호 전달물질이 식물 호르몬의 하나인 살리실산과 재스몬산이다. 살리실산과 재스몬산은 많은 식물에 들어 있으며, 특히 볏짚이나 쑥에 많이 들어 있다.

### 살균제 작용

식물성 농약은 여러 가지 병의 피해로부터 농작물을 보호하는 작용을 한다. 농작물병에 효과 있는 대표적인 식물은 다음 표와 같다.

▪ 〈농작물병에 효과 있는 대표적인 식물〉

| 분류 | 병명 | 효과 있는 식물 |
|---|---|---|
| 세균병 | 과일나무뿌리혹병 | 유채, 매자나무, 나팔꽃, 꽃다지, 목련, 석류, 상수리나무 |
| | 토마토뿌리혹병 | 삼, 목련 |
| | 과일나무역병 | 목련, 수련, 석류, 상수리나무 |
| | 감자썩음병 | 유채, 매자나무, 나팔꽃, 목련, 수련, 석류, 상수리나무, 마디풀, 고사리, 미나리아재비, 주목, 생강 |
| | 토마토시듦병 | 수련, 쑥부쟁이, 해바라기, 무궁화, 후추, 장미, 감자, 수송나물(가시솔나물), 미역취 |
| | 핵과류 뿌리혹병 | 목련, 수련, 석류, 상수리나무, 싱아, 족두리 |
| | 감자더뎅이병 | 콩, 호두나무, 물레나물 |
| | 양배추세균병 | 종려, 멀구슬나무 |
| 진균병 | 핵과류 반점병 | 목련, 수련, 석류, 상수리나무 |
| | 십자화과 검은곰팡이병 | 귀리, 비름, 아까시나무 |
| | 감자·토마토 갈색점무늿병 | 산미나리, 회향, 사탕무 |
| | 파·목화 잎반점병 | 흰명아주, 으아리, 독말풀, 쥐꼬리망초 |
| | 감귤류 썩음병 | 홉, 박하, 월계화, 꼬리풀 |
| | 파검은곰팡이병 | 사탕무, 강황, 홉 |
| | 벼모썩음병 | 아브신트쑥, 양배추, 순무, 산초나무 |
| | 벗과 검은곰팡이병 | 자작나무, 월계화, 유채, 우엉, 자주개자리, 복사나무, 야생무, 노란전동싸리, 소나무, 전나무, 측백나무 |
| | 파썩음병 | 비름, 자작나무 |
| | 상추잿빛곰팡이병 | 박하, 자주개자리, 복사나무, 초롱꽃, 애기똥풀, 해바라기, 인동, 대나물, 약용다닥냉이, 기린초, 미역취, 토끼풀 |
| | 토마토갈색점무늿병 | 쑥, 자작나무, 박하, 마가목 |
| | 벗과 쌀보리깜부기병 | 자작나무, 벚나무 |
| | 콩탄저병 | 흰명아주, 참외, 복사나무, 목련, 옥수수, 상수리나무 |

| | | |
|---|---|---|
| 진균병 | 보리줄무늬병 | 으아리 |
| | 벼갈색무늬병 | 개구리자리, 감자 |
| | 시듦병 | 땅콩, 장미, 자작나무, 홉 |
| | 곡류 잎반점병 | 아까시나무, 비름, 사탕무, 참외, 마름, 무화과, 박하 |
| | 핵과류 썩음병 | 편두 |
| | 복숭아열매썩음병 | 명아주, 꽃상추, 으아리, 참외, 목련, 완두, 참나무, 토끼풀, 옥수수 |
| | 감자역병 | 아브신트쑥, 바꽃, 창포, 고사리, 대극, 누리장나무, 삼지구엽초, 익모초, 장군풀, 감자, 쥐엄나무, 호두나무, 장미, 소루쟁이, 석류, 쇠비름, 복사나무, 동백나무 |
| | 오이노균병 | 복사나무, 가죽나무 |
| | 곡류 작물 녹병 | 가죽나무, 으아리, 대극, 바꽃, 바람꽃, 우엉, 백지, 천남성, 쑥, 동백나무 |
| | 감자·토마토·양배추·오이 뿌리썩음병, 줄기썩음병 | 귀리, 홉, 아브신트쑥, 밀, 회향, 땅콩, 보리, 피마자, 수수, 옥수수, 천남성, 복사나무 |
| 바이러스병 | 사과검은별무늬병 | 개자리, 단풍나무, 바람꽃, 명아주, 수국, 누운동의나물, 제충국, 솜악, 인동, 병풀, 앵초, 우엉, 배나무, 미나리아재비, 야생무, 감자, 까마중 |
| | 사과나무반점낙엽병 | 갯명아주 |
| | 오이모자이크병 | 고추, 오이, 독말풀, 수염패랭이꽃, 시금치 |
| | 감자바이러스X병(PVX) | 고추, 흰명아주, 독말풀, 토마토, 홉, 감자, 아욱, 시금치, 토끼풀, 편두 |
| | 감자바이러스Y병(PVY) | 용설란, 자귀나무, 가는잎가막사리, 밤나무겨우살이 |
| | 담배모자이크병 | 양배추, 흰명아주, 새삼, 독말풀, 수염패랭이꽃, 사철딸기, 벼, 아욱, 자리공, 시금치, 담배 |
| | 토마토모자이크병 | 오이, 달리아, 자리공 |
| | 토마토시듦병 | 오이, 달리아, 자리공, 독말풀 |

이와 같이 식물성 농약을 써서 많은 병의 피해로부터 농작물을 보호하는 농작물 살균제 작용은 다음과 같다.

첫째, 병원균을 죽이는 성분이 있다. 식물성 농약의 원료 식물을 다른 작물과 함께 밭에 심으면 농작물의 병을 막을 수 있다. 이를테면 무밭에 파를 섞어 심거나 해바라기를 채소 농작물 앞그루 또는 뒷그루로 심으면 채소에 생기는 병을 막을 수 있다.

둘째, 미생물 침입을 방어하는 항균성 성분이 많이 들어 있다. 밀, 보리와 같은 맥류에는 병원균과 같은 미생물을 막아주는 알칼로이드 성분인 호르다틴 A·B, 벤즈옥사졸리논, 감귤류에는 탄제레틴, 노빌레틴을 비롯한 플라본 화합물, 루핀에는 이소플라본 성분인 루테올린이 들어 있다. 식물체는 외부 공격물질로부터 자기 자신을 보호하기 위해 방어 기구를 만든다. 일반적으로 항균성 물질은 정상적인 식물이 생산하는 물질을 말하며, 미생물 침입으로 병이 생긴 식물이 방어를 위해 새로 합성 축적된 저분자의 물질은 피토알렉신이라고 한다.

피토알렉신 성분으로는 완두의 피사틴, 보라콩의 파세올린, 토끼풀의 트리폴리리진, 콩의 히드록시 파세올린, 개자리의 메디카르핀이 있다. 고구마에 4퍼센트 정도 들어 있는 이포메아마론, 이포메아닌, 바타트산은 감자검은별무늿병균을, 감자와 토마토에 들어 있는 리시틴, 리시티놀은 감자역병균을, 목화의 고시폴, 해초의 알긴산과 버섯류에 들어 있는 다당류 폴리펩티드는 바이러스에 의해 퍼지는 병을 막는 작용을 한다.

셋째, 농작물이 미생물의 피해를 받을 때 리그닌의 생합성 양을 늘려 세포막을 튼튼히 해주는 한편, 페놀성 화합물을 생합성하여 미생물을 죽인다. 졸참나무 이외 많은 나무의 잎과 쑥을 비롯한 많은 풀에 들어 있는 타닌과 폴리페놀, 볏짚과 여러 곡류 작물의 짚에 많이 들어 있는 살리실산을 비롯한 방향족 카복실산류, 그리고 거의 모든 식물에 들어 있는 폼산, 아세트산을 비롯한 유기산, 정유, 사포닌 따위는 미생물의 활성을 막아 농작물이 병에 걸리지 않게 한다.

또한 감자를 비롯해 식물의 씨앗류에 많이 들어 있는 불포화지방산류, 다당류, 과당류는 피토알렉신을 유기시키는 물질로 농작물의 병을 막는 효과가 크다. 그러므로 식물의 씨앗류, 지방류를 섞어 식물성 농약을 만드는 것이 좋다.

### 🌾 살초제 작용

식물체에는 다른 식물의 생장을 억제하는 물질이 들어 있기 때문에 식물성 농약은 살초제 작용을 가지고 있다. 다른 식물의 생장을 강하게 억제하는 식물에는 쑥, 보리, 귀리, 호밀, 마늘, 수수, 메밀, 전동싸리, 해바라기, 토끼풀, 천수국 따위가 있다.

쑥에 들어 있는 캠퍼와 시네올 성분은 1~2미터 주위에 다른 식물이 자라지 못하게 한다. 그러므로 쑥 추출물을 논에 뿌리면 잡초가 적어진다. 쑥이 많이 자라는 곳에는 다른 식물이 자라지 못하는데, 이는 쑥에 들어 있는 페놀성 물질과 콜린 물질이 다른 식물의 생장을 억제하기 때문이다. 또한 보리밭에도 잡초가 적게 나는데, 보리 뿌리에서 잡초의 생장을 억제하는 호르데인, 글라민 성분이 분비되기 때문이다. 호두나무와 가래나무 주변에도 다른 식물이 잘 자라지 못한다. 호두나무와 가래나무에 들어 있는 주글론이 다른 식물의 생장을 억제하기 때문이다.

다른 식물의 생장을 억제하는 대표적인 성분과 식물은 다음 쪽 표와 같다.

### 식물 생장자극제 작용

식물성 농약은 농작물의 초기 생장에 좋은 작용을 하여 농작물을 잘 사라게 한다. 예를 들어 모가 튼튼히 자라게 하거나 씨잇을 빨리 싹트게 하고, 뿌리를 잘 뻗게 하며, 영양물질을 충분히 흡수하게 한다. 또한 농작물의 엽록소 함량을 높이고 광합성과 효소 활성에 좋은 영향을 주어 물질대사가 원활히 진행되게 한다. 이처럼 식물성 농약이 농작물을 빨리 자라게 하는 것은 식물성 농약에 농작물의 생장을 촉진하는 자극제가 들어 있기 때문이다.

농작물의 생장을 자극하는 성분과 활성에 대해 알아보자.

### 콜린

콜린은 농작물이 빨리 뿌리를 내리고 생장하게 하며, 작물의 키를 작게 하는 대신 줄기와 마디를 굵게 하여 쓰러지지 않게 하고, 광합성을 촉진하여 수확량을 높인다. 또한 콜린은 그 자체가 탄소원, 질소원으로 쓰인다. 이는 감자알을 크게 자라게 하고 잡초가

〈식물의 생장을 억제하는 대표적인 성분과 식물〉

| 성분 | 식물 | 대상 잡초류 |
| --- | --- | --- |
| 프탈리드 | 산형과 식물 | 많은 잡초류 |
| 카페인 | 커피 | 귀리, 돌피 |
| 페놀 | 쑥, 호밀풀 | 많은 잡초류 |
| 쿠마린 | 많은 식물 | 많은 잡초류 |
| 플라보노이드 | 많은 식물 | 많은 잡초류 |
| 폴리리신 | 사과나무 잎 | 많은 잡초류 |
| 유기산 | 많은 식물 | 많은 잡초류 |
| 파툴린 | 만수국, 많은 식물 | 많은 잡초류 |
| 부시산 | 많은 식물 | 많은 잡초류 |
| 포르모노네틴 | 토끼풀, 기타 | 많은 잡초류 |
| 비오카닌 A | 토끼풀, 기타 | 많은 잡초류 |
| 트리폴리리진 | 토끼풀, 기타 | 많은 잡초류 |
| 다이드제인 | 칡, 토끼풀, 기타 | 많은 잡초류 |
| 오노닌 | 토끼풀, 기타 | 많은 잡초류 |
| 제니스테인 | 칡, 토끼풀, 기타 | 많은 잡초류 |
| P-옥시안식향산 | 볏짚, 기타 | 많은 잡초류 |
| 살리실산 | 볏짚, 기타 | 많은 잡초류 |
| 글라민 | 볏짚, 보릿짚, 기타 | 별꽃 억제, 밀에는 영향이 없음 |
| 아미노산·인산 화합물 | 많은 식물 | 많은 잡초류 |

자라지 못하게 하며, 해충의 피해를 막고 불리한 환경조건에서 잘 견딜 수 있게 해주는 작용을 한다. 콜린은 불리한 환경조건에서 베타인으로 전환되어 식물체의 삼투압을 조절하며, 냉해와 염풍해를 막아준다. 베타인 성분은 거의 모든 식물과 해양동물, 해조류, 미생물, 진균류, 세균류에 널리 분포되어 있다. 특히 볏과, 마디풀과 식물에 많이 들어 있다.

콜린 성분이 많이 들어 있는 식물은 비름과, 옻나뭇과, 자작나뭇과, 인동과, 명아줏과, 국화과, 십자화과, 박과, 볏과, 마디풀과, 콩과, 개구리밥과, 겨우살잇과, 소나뭇과, 질경잇과, 가짓과 식물 따위가 있다.

### 석신산, 퓨마산, 시트르산을 비롯한 지방족 유기산 성분

농작물의 호흡에 영향을 미치며 생장자극작용으로 농작물의 수확량을 높인다. 시트르산은 감자알이 빨리 자라게 한다. 석신산으로 씨앗을 처리하면 물질대사가 빨라지고, 효소의 활성화 에너지가 낮아지며, 농작물의 수확량을 높인다.

### 트리아콘타놀, 기타 지방족 알코올

트리아콘타놀로 씨앗 처리나 생육기 처리를 하면 모가 튼튼해져 농작물의 수확량과 품질이 높아지며, 일정 농도에서는 살충작용을 한다.

트리아콘타놀은 볏짚을 비롯한 농작물의 짚류, 양버즘나무, 떡갈나무, 버드나무, 소나무를 비롯한 많은 나무의 잎과 쑥을 비롯한 풀류 식물에 많이 들어 있다. 트리아콘타놀은 식물 원료를 물로 추출할 때 교질입자로 잘 우러나오므로 식물성 농약에 적지 않은 양이 들어 있다.

식물성 농약은 식물의 생장을 억제하고 뿌리를 빨리 내리게 하는 작용을 한다. 지베렐린 생합성억제제 성분은 농작물의 키를 작게 하고 줄기를 굵게 하며, 뿌리를 빨리 내리게 하고 광합성을 활발하게 하는 작용을 한다. 또한 식물성 농약에 들어 있는 타닌을 비롯한 폴리페놀 화합물과 여러 가지 페놀성 물질은 뿌리를 빨리 내리게 해주는 성분으로 일반적으로 식물에 들어 있는데, 감자의 차코닌, 상사화의 라이코린·라이코리시디놀·라이코리시딘, 바꽃류의 디테르펜알칼로이드 따위를 말한다. 이 밖에도 식물성 농약은 농작물의 품질을 높여주는데, 식물성 농약에 들어 있는 식물 호르몬, 트리아콘타놀을 비롯한 식물 생장조절제와 지베렐린 생합성억제제 성분이 그 역할을 한다.

화학 농약과 화학 비료를 많이 써서 농작물을 재배한 결과 농작물이 가지고 있던 고유의 맛과 색, 질이 떨어졌다. 그러므로 농작물의 품질을 좋게 하기 위해서는 화학 농약과 화학 비료 대신 식물성 농약을 쓰는 것이 좋다. 식물성 농약을 논벼에 뿌리면 벼 낟알 속의 무기염 조성과 아미노산, 당질이 좋아져 쌀이 찰기가 돌며 맛있다.

식물성 농약을 쓰면 무, 배추와 같은 채소는 녹색 부분이 많아지고 연하며, 과일나무나 열매채소는 과일과 열매 색깔이 곱고 비타민과 당분, 아미노산 함량이 높아져 더욱 맛있어진다. 또한 보관도 오랫동안 할 수 있다. 이외에도 식물성 농약을 관상용 식물에 쓰면 꽃 색깔이 고와지고, 약초에 쓰면 약 성분 함량이 높아진다. 특히 영양물질과 비타민 함량이 높아진다.

### 영양 성분작용

식물성 농약에는 여러 가지 영양소가 들어 있어 농작물을 튼튼히 자라게 한다. 실험에 의하면 식물에 들어 있는 영양소의 50퍼센트 이상이 추출물에 들어 있었다. 식물성 농약에는 식물에 꼭 필요한 영양소가 합리적인 비율로 들어 있으며, 주로 유기태(有機態) 형태로 들어 있기 때문에 농작물이 쉽게 흡수할 수 있다.

식물성 농약에 들어 있는 원소는 무기태 형태의 원소에 비해 농작물이 더 적은 에너지로 흡수할 수 있다. 이를테면 논벼에는 볏짚, 옥수수에는 옥수숫짚으로 만든 식물성 농약이 효과가 더 좋고, 볏짚으로 만든 농약을 볏과 농작물에 쓰면 더 좋은 효과를 얻을 수 있다. 또한 담배로 만든 식물성 농약은 감자, 고추, 토마토, 가지와 같은 가짓과 작물에 효과가 더 좋다. 영양소가 적게 들어 있는 농작물에는 적은 양의 농약으로도 효과를 볼 수 있다. 특

## 식물성 농약의 작용

살충제 작용

살균제 작용

살초제 작용

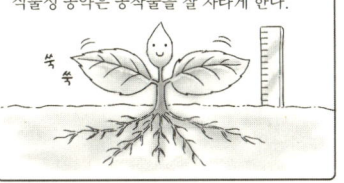

식물 생장자극제 작용

영양 성분작용

농작물 보호작용

화학 농약의 효과를 높이는 작용

히 식물성 농약을 잎에 뿌려주면 짧은 시간에 흡수되고 효과가 빨리 나타난다.

## 🌾 농작물 보호작용

식물성 농약은 불리한 환경조건(저온, 가뭄, 비바람, 염류 피해)에서 농작물을 보호하는 작용을 한다. 볏짚과 쑥을 비롯한 많은 식물에 들어 있는 살리실산, 재스몬산은 불리한 환경조건이 만들어지면 피해를 극복할 수 있는 방어물질을 생성하도록 자극해 농작물을 보호한다. 비타민 C·단당류·이당류·프룩탄·포스파티딜글리세롤은 냉해에, 라피노스·스타키오스·석신산·베타인·글리신베타인·프롤린·시스테인·시스틴·5-아미노레블린산은 가뭄에, 만니톨·소비톨·피니톨·글리세롤·베타인·글리신베타인·프롤린·시스테인·시스틴·5-아미노레블린산은 염류에, 트레할로스는 방사선에 견디는 힘을 강하게 한다. 아브시스산은 신호 전달물질인 살리실산의 생성을 자극한다.

불리한 환경조건에서 견디는 힘을 강하게 하는 성분은 거의 모든 식물에 들어 있다. 이와 같은 식물성 농약의 작용은 모든 농약에 잘 나타난다. 가뭄 때 식물성 농약을 뿌리지 않은 옥수수밭은 모두 가뭄 피해를 입었지만, 식물성 농약을 뿌린 옥수수밭은 옥수수 뿌리가 왕성하게 자라 가뭄을 잘 견디어냈다.

## 화학 농약의 효과를 높이는 작용

　식물성 농약은 농약효과를 높이는 작용을 한다. 예를 들어 전착제나 점착제로 효과가 있는 가사리, 컴프리, 느릅나무, 토끼풀, 패랭이꽃 추출물을 농약에 1퍼센트 정도 섞으면 농약효과가 훨씬 좋아진다.

　참깨와 족두리에 들어 있는 세사민, 소나무에 들어 있는 피노레시놀, 창포에 들어 있는 아사리닌, 녹나무에 들어 있는 사프롤은 피레트린제의 활성을 더욱 높여준다. 그리고 고구마속 식물에 들어 있는 야라핀은 화학 농약의 살균력을 150배 높이며, 물레나물에 들어 있는 노보이마닌은 항생물질의 활성을 높여준다.

　식물성 농약을 화학 농약에 섞어 쓸 때는 일반 화학 농약의 양을 10분의 1로 줄여도 활성을 나타낸다. 또한 식물성 농약은 뿌리 발육을 좋게 하여 영양물질을 잘 흡수, 이용하고 전체 대사를 활성화하며, 토양의 힘을 높이고 영양물질을 가동화시키며, 질소고정세균(유리질소를 고정하는 미생물)을 비롯한 유용 미생물에 좋은 영향을 주어 비료의 양을 줄일 수 있게 한다.

　앞으로 유기질 비료를 비롯한 생물 비료와 식물성 농약을 옳게 배합해 쓰면 유기농법으로 농사를 지을 수 있다.

# 3

## 식물성 농약의 원료

식물성 농약의 원료 채취
식물성 농약의 원료 가공
식물성 농약의 원료 포장
식물성 농약의 원료 보관

식물성 농약의 원료로 쓸 수 있는 식물은 세계적으로 2,000여 종에 이른다. 그 가운데 살충·살균 작용을 하는 식물은 1,600여 종이다. 식물성 농약으로는 142종의 균류, 24종의 세균류, 19종의 바이러스, 44종의 식물 기생선충과 기타 해충을 죽이거나 생장을 억제할 수 있다.

  식물성 농약의 원료로는 여러 가지를 쓸 수 있는데, 그 가운데에서도 농업 부산물이 흔히 쓰인다. 볏짚, 볏겨, 옥수숫짚, 밀짚, 보릿짚, 들깨짚, 감자 잎줄기, 오이, 호박덩굴, 고추, 토마토, 담배, 가지의 잎과 줄기를 쓸 수 있다. 이 밖에도 나뭇잎을 쓸 수 있다. 떡갈나무, 소나무, 아까시나무, 분비나무, 가문비나무 따위와 같이 산에서 자라는 나뭇잎과 은행나무, 버드나무, 미루나무, 버즘나무 따위의 길옆에서 자라는 나무의 잎, 사과나무, 배나무, 살구나무, 복사나무와 같은 과일나무의 잎, 떨기나무류의 잎을 쓸 수 있다. 또한 약초류, 풀류, 즉 쑥, 할미꽃 뿌리, 창포 뿌리, 파리풀, 애기똥풀, 너삼 따위도 식물성 농약의 원료로 쓸 수 있다.

### 식물성 농약의 원료 채취

식물성 농약의 원료 식물에 들어 있는 유효 성분 함량은 자라는 시기와 기상이나 기후 조건에 따라 달라지므로 채취 시기와 방법을 잘 알아야 한다. 이를테면 오이풀의 유효 성분인 타닌은 꽃이 다 피었을 때 15퍼센트로 가장 높으며, 대나물의 유효 성분인 사포닌은 꽃 피는 시기에 14~15퍼센트로 가장 높고 다른 시기에는 이보다 떨어진다. 그러므로 식물성 농약의 원료는 식물의 유효 성분 함량이 가장 높을 때 채취해야 한다.

일반적으로 식물성 농약의 원료 채취 시기와 방법은 다음과 같다. 뿌리류 원료(뿌리, 뿌리줄기, 덩이줄기, 덩이뿌리, 비늘줄기)는 봄 또는 가을에 채취하는 것이 좋다. 식물의 영양물질과 유효 성분은 주로 봄, 가을에 저장되거나 저장된 상태에 있기 때문에 이때 채취해야 품질이 좋다. 봄에는 가급적 이른 시기에 채취하는 것이 좋고, 가을에는 늦게 채취하는 것이 좋다. 할미꽃 뿌리, 구릿대 뿌리 같은 원료는 가을 또는 봄에 채취하며 반하 뿌리, 현호색 알뿌리, 족두

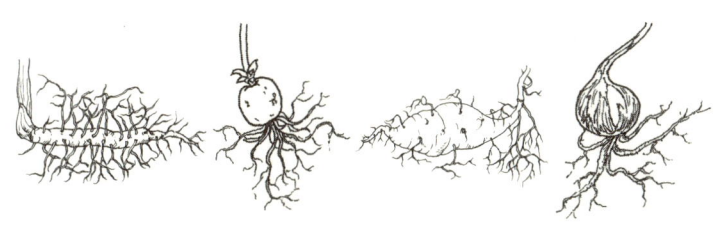

둥굴레(뿌리줄기)   현호색(덩이줄기)   고구마(덩이뿌리)   상사화(비늘줄기)

리 뿌리와 같은 원료는 열매가 여문 다음에 채취한다.

뿌리류 원료는 상하지 않게 주의해서 캐야 한다. 뿌리를 캔 다음에는 땅 윗부분을 잘라 흙을 털어내고 깨끗이 다듬어 물에 잘 씻어 말린다. 식물의 뿌리, 줄기, 잎, 꽃, 열매는 유효 성분이 가장 높은 꽃이 피기 시작할 때 또는 한창 필 때 채취하는 것이 좋다. 그러나 일부 식물은 꽃이 피기 전이나 핀 뒤에 유효 성분 함량이 높은 것도 있다. 이를테면 익모초의 유효 성분 함량은 꽃이 피기 전, 삼지구엽초 유효 성분 함량은 꽃이 핀 뒤에 높다. 그러므로 이런 식물들은 유효 성분 함량이 가장 높은 시기에 채취해야 한다. 민들레, 쇠비름과 같은 것은 뿌리째 뽑아 물에 깨끗이 씻어 쓰며, 쑥류와 형개는 줄기 윗부분만 베어 쓴다. 볏짚이나 밀짚, 보릿짚과 같은 농업 부산물은 수확하여 탈곡한 다음 말려두고 쓴다.

잎 원료는 꽃이 피는 시기에 채취하는 것이 좋다. 식물은 꽃이 피는 시기에 광합성이 가장 왕성하고 잎도 충분히 자란다. 그러므

배나무          아까시나무          밤나무

로 이 시기의 잎에는 영양물질과 유효 성분이 가장 많이 들어 있고 잎의 양도 많다. 길가에 심은 나무의 잎들은 늦가을에 떨어진 잎을 모아 써도 된다. 소나무를 비롯한 침엽수 잎은 추운 겨울에 유효 성분이 가장 많으므로 11월부터 2월 사이에 채취하는 것이 좋다. 일반적으로 가을에 떨어진 잎에는 페놀을 비롯한 농약의 유효 성분과 식물 생장을 조절하는 물질이 풍부하게 들어 있다.

잎을 채취하는 방법에는 여러 가지가 있다. 식물은 그대로 두고 잎만 따는 방법, 땅 윗부분을 벤 다음 잎을 따거나 식물을 말린 다음 잎을 따는 방법이 있다. 이 가운데 가장 적당한 방법을 골라 채취한다. 나무나 귀중한 식물의 잎을 딸 때에는 식물이 자라는 데 지장을 주지 않도록 해야 한다.

꽃 원료는 일반적으로 꽃이 피기 시작할 때 유효 성분이 가장 많으므로 이 시기에 채취하는 것이 좋다. 그러나 회화나무 꽃과 같이 일부 꽃은 꽃봉오리가 졌을 때 유효 성분이 가장 많으므로 이

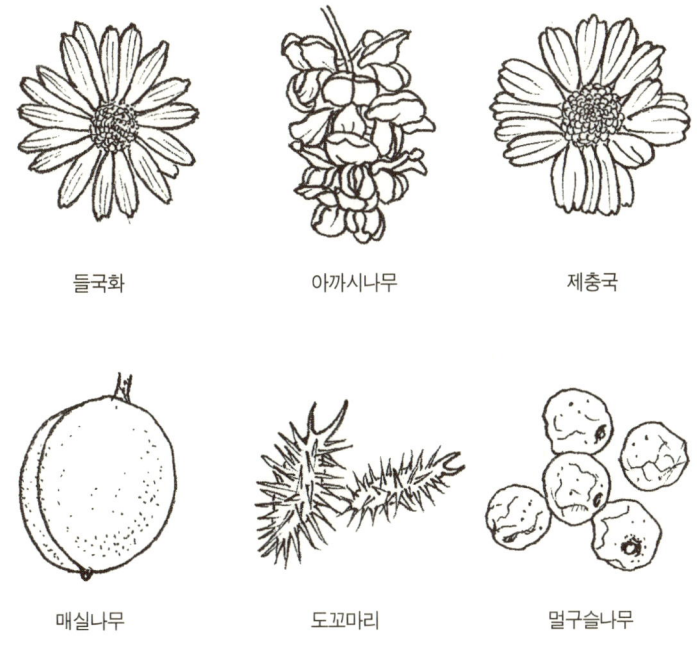

| 들국화 | 아까시나무 | 제충국 |
| 매실나무 | 도꼬마리 | 멀구슬나무 |

시기에 따는 것이 좋다. 꽃은 맑은 날에 따서 빨리 말려야 한다.

열매 원료는 일반적으로 잘 익었을 때 유효 성분이 가장 많이 들어 있으므로 이 시기에 따는 것이 좋다. 그러나 익으면 떨어지기 쉬운 열매는 익기 시작해서 완전히 익는 사이에 채취해야 한다. 하지만 매실나무 열매는 익지 않은 것을 따서 쓴다. 열매를 원료로 쓸 때 주의할 점은 병에 걸리지 않은 것만 따서 빨리 말려야 한다.

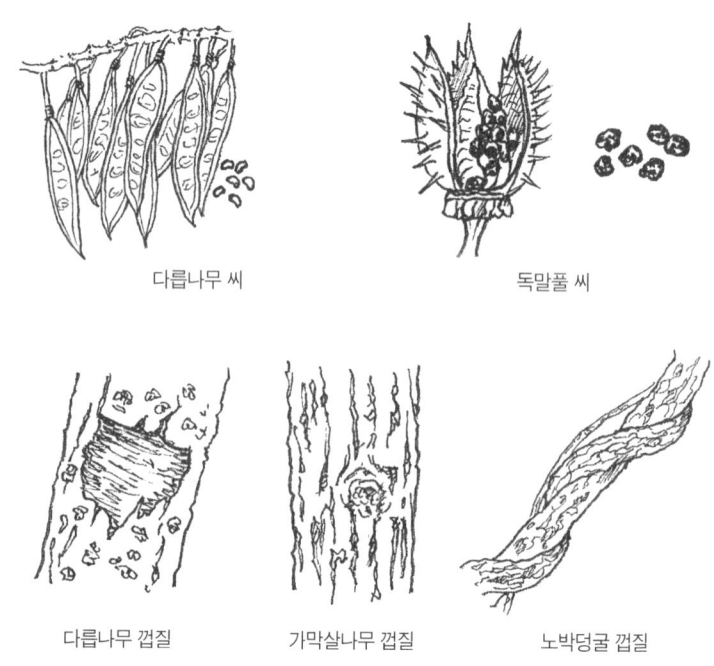

다릅나무 씨　　　　　　독말풀 씨

다릅나무 껍질　　　가막살나무 껍질　　　노박덩굴 껍질

씨 원료는 잘 여문 것을 채취하는 것이 좋다. 씨를 채취하려면 씨가 여문 다음 옹근풀(잎, 줄기, 꽃, 뿌리 따위를 가진 옹근 풀포기)을 베어 말리고 두드려 씨를 털고 껍질을 버린다. 완전히 익으면 떨어지기 쉬운 씨는 익기 시작할 때 풀을 베어 말린 다음 턴다.

껍질 원료(줄기껍질, 뿌리껍질)는 일반적으로 봄부터 초여름 사이에 채취하는 것이 좋다. 이 시기에는 나무줄기에 물기가 많고 형성층 세포의 분열작용이 왕성하기 때문에 껍질이 잘 벗겨진다.

 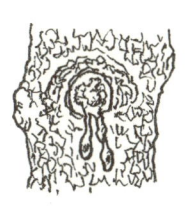 

소나무 송진     가문비나무 진     잣나무 진

일부 뿌리는 가을에 껍질을 벗기는데, 줄기껍질을 벗길 때에는 겉껍질과 이끼 같은 것을 미리 긁어야 한다. 줄기껍질을 완전히 돌려 벗기면 통도조직이 파괴되어 영양물질이 운반되지 못하므로 식물이 죽는다. 그러므로 나무를 죽이지 않고 벗기기 위해서는 줄기 둘레의 3분의 2에 해당하는 껍질은 남겨놓고 나머지 3분의 1만 벗긴다. 뿌리껍질을 벗길 때에는 뿌리를 캐서 흙을 털고 물로 씻은 다음 잔뿌리를 다듬어 벗긴다. 벗긴 껍질은 빨리 말려야 한다.

나뭇진 원료는 어느 시기에나 채취할 수 있는데, 주로 건조하고 맑은 날에 채취하는 것이 좋다. 줄기껍질에 상처를 내고 흘러내린 나뭇진을 채취한다.

이처럼 식물성 농약 원료로 쓰는 식물은 한해살이 식물도 있지만 2년에서 5년 또는 그 이상 자란 식물을 쓸 수 있다. 하지만 식물성 농약 원료 식물에 대한 보호, 육성 대책을 세우지 않고 마구 채취한다면 자원이 풍부한 식물이라 해도 점차 줄어들거나 심하면 고갈될 것이다. 그러므로 계획을 세워 체계적으로 식물성 농약 원료 식물을 보호, 육성해야 한다.

식물성 농약 원료로 쓰는 식물을 채취할 때는 다음과 같은 점에 주의해야 한다. 첫째, 풀 한 포기, 나무 한 그루 모두 나라와 국민의 재산임을 명심하고 다른 식물이 상하지 않게 채취해야 한다. 그리고 채취한 자리는 반드시 메워 다른 식물이 자라는 데 지장을 주지 않도록 한다. 어린 식물은 계속 자랄 수 있게 채취하지 않으며, 씨로 번식하는 식물은 씨가 여문 다음에 채취하고 씨를 그 부근에 심어놓는다. 뿌리줄기로 번식하는 식물도 뿌리줄기 일부를 남겨놓아야 한다.

식물의 껍질과 가지, 잎, 꽃, 열매를 채취할 때는 식물이 자라는 데 큰 지장을 주지 않도록 주의해야 한다. 특히 껍질은 줄기 둘레의 3분의 1 이상 벗기지 말아야 한다.

둘째, 순환방식으로 채취해야 한다. 해마다 한자리 또는 한지역에서 같은 원료 식물을 계속 채취하면 그 자원은 점차 없어지게 될 것이다. 그러므로 한장소에서 같은 원료 식물을 계속 채취하지 말고 그 식물의 증식 또는 생장 정도에 맞게 순환하는 방식으로 채취해야 한다. 또한 식물성 농약 원료 식물 자원을 널리 조성하고 보호, 육성하면서 채취해야 한다.

## 식물성 농약의 원료 가공

식물성 농약의 품질을 높이기 위해서는 가공(현지 가공)을 잘해야 한다. 가공을 잘못하면 유효 성분의 함량이 떨어질 수 있다.

가공에는 고르기, 다듬기, 씻기, 말리기 따위가 있다.

### 고르기 및 다듬기

채취한 원료 식물에 다른 식물이나 벌레 먹은 것, 변질된 것과 같이 깨끗하지 않은 것이 많으면 원료의 질이 떨어지므로 골라야 하고 필요 없는 부분도 다듬어야 한다. 일반적으로 줄기와 뿌리 원료에서는 잔줄기와 잔뿌리를, 껍질 원료에서는 겉껍질을, 꽃 원료에서는 꽃대와 잎 따위를 다듬는다.

### 씻기

모든 뿌리 원료는 채취한 다음 물로 깨끗이 씻는다. 원료를 살 씻어야 흙, 모래, 먼지 따위를 없애고 품질을 높일 수 있다. 원료를 물에 씻을 때는 가급적 빨리 씻어야 한다. 물에 오래 담가두면 유효 성분이 물에 우러나와 품질이 떨어질 수 있다. 이를테면 오이풀 뿌리를 물에 30분 정도 담가두면 타닌 함량이 20퍼센트 정도 떨어진다. 씻는 시간을 짧게 하려면 겉에 묻은 흙이 마르기 전에 씻는 것이 좋다. 사포닌, 알칼로이드, 쓴맛 성분과 같이 물에 잘 녹는 성분이 들어 있는 원료는 재빨리 씻어야 한다.

### 말리기

채취한 원료는 씻은 뒤 가급적 빠른 시간 안에 말려야 하며, 늦어도 10~12시간 안에 말리는 것이 좋다. 제때 말리지 못해 물기가 많으면 효소작용에 의해 유효 성분이 분해되며 썩거나 변질될 수 있다. 식물성 농약 원료를 말리는 목적은 썩거나 변질되는 것을 막고, 유효 성분을 그대로 보존하며, 운반과 보관을 편리하게 하는 데 있다.

원료를 빨리 말리려면 온도를 높이거나 바람이 잘 통하게 해야 한다. 일반적으로 정유가 들어 있는 원료는 30~40도, 비타민이 들어 있는 열매는 70~80도에서 말린다. 이보다 더 높은 온도에서 말리면 빨리 마르기는 하지만 유효 성분 함량이 낮아질 수 있다.

원료를 말리는 방법에는 햇빛에 말리는 방법, 그늘에서 말리는 방법, 인공적인 열로 말리는 방법이 있다. 타닌이 들어 있는 원료는 그늘에서 말리는 것보다 햇빛에 말리면 타닌 함량이 높아지고 마르는 속도도 빠르다. 굵은 뿌리나 뿌리줄기는 일정한 크기로 썰거나 쪼개어 말리는 것이 빠르다. 점액질이나 녹말이 많이 들어 있는 원료는 증기로 쪄서 말려야 효소가 분해되거나 변질되지 않고 잘 마른다.

### 햇빛에서 말리기

특별한 설비 없이 말릴 수 있는 가장 경제적인 방법이다. 더욱

이 우리나라는 봄과 가을에 맑은 날씨가 계속되므로 이 방법이 좋다. 흔히 타닌과 알칼로이드가 들어 있는 식물의 뿌리, 줄기, 껍질, 씨, 열매를 말릴 때 이 방법을 쓴다. 열매는 처음에 햇빛에서 말린 다음 건조장에서 말리는 것이 좋다.

원료를 햇빛에 말릴 때는 밤에 거두어들이거나 이슬에 젖지 않게 해야 유효 성분이 낮아지는 것을 막고 빨리 말릴 수 있다. 오이풀 뿌리를 햇빛에 말릴 때 밤에 그냥 밖에 두기보다 밤마다 거두어들여 말릴 때 타닌 함량이 높고 더 빨리 마른다.

햇빛에 말린 원료는 더운 기운이 없어진 다음 포장해 보관한다. 따뜻한 것을 포장하면 발효될 수 있기 때문이다.

그늘에서 말리기

정유가 들어 있는 원료나 색소가 들어 있는 꽃과 잎, 열매는 햇빛보다 그늘에서 말리는 것이 좋다. 정유가 들어 있는 원료를 햇빛에 말리면 정유가 날아가고, 색소가 들어 있는 꽃과 잎, 열매는 고유한 색이 누른 밤색으로 변한다. 원료로 많이 쓰는 잎도 바람이 잘 통하는 그늘에서 말려야 풀빛이 그대로 유지되면서 잘 마른다.

그늘에서 말릴 때 빨리 말리지 않으면 색이 검게 변질되기 쉬우므로 바람이 잘 통하는 그늘에서 말려야 한다.

열풍에서 말리기

건조기, 건조실, 건조장을 이용해 말리는 방법이다. 온도를 마음대로 조절할 수 있고 빨리 말릴 수 있다. 또 대기습도가 높거나 비가 올 때도 말릴 수 있는 장점이 있다. 온도는 40~60도가 알맞다.

다 말린 원료의 수분 함량은 껍질류가 11~12퍼센트, 뿌리류가 11~16퍼센트, 꽃류가 13~14퍼센트, 잎류가 10~25퍼센트다. 일반적으로 원료 100그램을 말리면 껍질류는 40~50그램, 꽃류는 15~25그램, 잎 또는 옹근풀류는 20~35그램, 뿌리류는 20~25그램이 된다.

## 식물성 농약의 원료 포장

가공이 끝난 원료는 빨리 포장해야 한다. 포장을 잘해야 원료의 품질과 겉모양을 보존할 수 있으며, 운반하거나 보관하기 편리하다. 포장 재료는 습기에 영향을 덜 받고 벌레로 인한 피해가 적은 것을 선택해야 한다. 자루나 시멘트 종이는 상대습도가 90퍼센트일 때 처음 질량보다 2~3퍼센트 높아지고, 상대습도가 50퍼센트일 때는 1~2퍼센트 낮아진다.

농약 원료는 압착해 포장하는 것이 좋다. 이렇게 하면 운반하기 편리하고, 보관할 때 습도나 온도와 같은 외부 영향을 적게 받으며, 유효 성분의 손실도 적어진다. 옹근풀, 잎, 껍질, 뿌리는 압착 포장하는 것이 좋다. 하지만 열매나 씨는 압착 포장하면 질이 떨어질 수 있다.

포장은 농약 원료에 따라 다음과 같은 방법으로 한다.

▶**광주리 포장**  부서지기 쉬운 제충국 꽃과 같은 꽃류, 열매나 잎이 잘 떨어지는 쑥과 같은 옹근풀을 말린 것은 광주리에 종이를 깔고 담아둔다.

▶**자루 포장**  부서질 우려가 없는 원료들은 자루에 넣어 포장한다. 주로 씨, 열매, 뿌리류 원료를 포장한다.

▶**마대 포장**  껍질, 잎, 줄기 따위는 숨을 죽여 마대에 넣어서 보관한다.

▶**상자 포장**  나무상자 또는 합판상자, 골판지함에 포장한다. 주로 귀중한 것과 가루 원료를 포장한다.

▶**묶음식 포장**  비교적 긴 뿌리나 껍질, 나뭇가지류는 끈으로 묶고, 이것을 여러 개 모아 마대에 넣거나 그대로 보관한다. 특히 멀리 운반하거나 오랫동안 보관할 필요가 없는 것은 노끈으로 묶어 놓았다 쓸 수 있다.

▶**블록식 포장**  부피를 줄이고 간편하게 포장하기 위해 일정한 부피 안에 원료를 넣고 일정한 압력으로 압착해 블록 모양으로 포장한다. 원료 부피를 6분의 1 정도로 줄일 수 있다. 보통 뿌리류는 20킬로그램, 30킬로그램, 40킬로그램씩, 잎과 줄기, 대는 20킬로그램, 30킬로그램씩, 꽃과 열매, 껍질류는 10킬로그램, 20킬로그

램, 30킬로그램씩, 씨류는 30킬로그램, 40킬로그램, 50킬로그램, 60킬로그램씩, 나무줄기류는 30킬로그램, 40킬로그램씩 포장하는 것이 좋다.

## 식물성 농약의 원료 보관

식물성 농약의 원료를 보관할 때는 품질에 영향을 주는 여러 가지 요인에 가급적 영향을 덜 받을 수 있게 그에 대한 대책을 세워야 한다. 창고의 온도와 습도 변화를 정확히 알고 그에 따라 창고의 기술 관리를 철저히 해야 한다. 특히 곰팡이와 해충이 생기지 않게 미리 대책을 세워야 한다.

### 온도 유지

창고 온도는 가급적 10~15도로 낮추는 것이 좋다. 이보다 온도가 높으면 효소의 활성이 왕성해져 유효 성분을 분해시키며, 해충의 피해를 받게 되고, 세균과 곰팡이도 왕성하게 번식할 수 있다. 창고 온도가 높아지면 공기를 환기시키거나 주변에 나무를 심어 그늘지게 하거나 담벼락에 회칠을 하는 등 여러 가지 대책을 세워 창고 온도를 낮춰야 한다. 창고 온도를 낮추기 어렵거나 더운 계절에는 원료를 특별히 잘 말려서 보관해야 한다. 그러기 위해서는 자주 확인하고 습기 때문에 변질될 우려가 있으면 다시 말려야 한다.

### 습도 유지

일반적으로 창고 습도는 60~70퍼센트를 유지해야 한다. 창고 습도는 보통 10시에서 12시에 높고 그 다음부터는 빨리 낮아졌다가 오후 3시에서 4시경부터 점차 높아진다. 창고의 상대습도가 70퍼센트 이상이 되면 원료가 눅눅해질 수 있다. 그러므로 통풍을 하거나 여러 가지 흡수제를 써서 누기 때문에 생기는 피해를 막아야 한다.

### 벌레 때문에 생기는 피해를 막기 위한 대책

창고의 피해를 주는 벌레는 주로 해충이다. 그러므로 창고의 위생 관리를 철저히 하여 해충의 발생을 미리 막고, 해충의 생물학적 특성에 맞게 해충을 없애기 위한 대책을 세워야 한다. 그러기 위해서는 창고를 깨끗이 청소 및 소독해야 한다. 창고 소독은 해충이 활동하기 직전인 4월 말부터 5월 중순에 하거나 해충이 겨울 준비를 하는 시기인 9~10월에 하는 것이 효과적이다. 또한 창고를 정상적으로 관리하며 여러 가지 피해를 막기 위한 대책도 함께 세워야 한다.

# 4

## 식물성 농약 만드는 방법

젖은 원료를 찧거나 잘게 썰어 만드는 방법
말린 원료로 식물성 농약 추출물을 만드는 방법
식물성 농약 가루 만드는 방법
식물 추출물-영양원소 복합제 만드는 방법
식물성 농약 생산을 산업화할 때 생기는 문제
복합제형 식물성 농약 생산에서 고려할 점

식물성 농약을 만들어 효과 있게 쓰면 병해충의 피해를 미리 막을 수 있으며, 병해충의 피해를 입은 농작물의 생장을 짧은 기간에 회복시켜 수확량을 높일 수 있다.

### 젖은 원료를 찧거나 잘게 썰어 만드는 방법

젖은 원료를 분쇄기에 넣어 잘게 부스러뜨린 다음 80~90도의 뜨거운 물을 2~3배 넣고 3시간 우린 다음 식힌다. 젖은 원료를 찧거나 잘게 썰어 논에 뿌려야 할 때는 그대로 쓰고, 밭에 뿌릴 때는 정보당 500~1,000리터의 물을 넣고 추출물을 만든다. 그러고는 뜨거운 비눗물에 광물유를 조금씩 넣으면서 세게 저어 유화액을 만들어 추출물과 섞어 농약을 만든다. 이때 알칼리성의 펄프 폐액, 재 추출물, 석회 따위와 진흙을 섞으면 안 된다. 유화액은 광물유인 폐유를 섞어 만드는데, 뿌리는 약물 총량의 0.5퍼센트에 해당하는 2.5~5킬로그램의 광물유를 유화시켜 만든 유화액을 추출물에 섞어 뿌린다.

### 말린 원료로 식물성 농약 추출물을 만드는 방법

  식물성 농약 추출물은 식물에 들어 있는 유효 성분을 적당한 용매로 추출하여 만든 농약이다. 식물성 농약 원료에는 유효 성분인 알칼로이드, 배당체, 염류, 유기산, 정유, 비타민, 페놀, 타닌 따위가 들어 있다. 이 밖에도 섬유소, 단백질, 점액질, 전분, 나뭇진, 고무질, 펙틴 따위도 들어 있다. 식물에 들어 있는 대다수 성분들은 식물의 대사와 생장에 필요한 물질이며, 농약효과도 있다.

  추출과정

  추출과정은 용매가 식물 재료의 세포막을 통해 세포 안으로 들어가 그 안에 있는 물질들을 녹이고, 이 용액이 확산에 의해 다시 세포막을 통과해 옅은 용액으로 세포 밖으로 나오는 과정이다.

용매가 스며드는 단계

원료에 용매를 부으면 용매가 원료를 적시면서 세포 안으로 스며든다. 추출과정 첫 단계에서는 원료를 골고루 적시는 것이 중요하다. 원료가 젖으면 모세관 현상이 일어나 추출 용매가 세포 안으로 쉽게 스며들 수 있다. 이때 계면 활성제(계면을 활성화하여 표면 장력을 감소시키는 물질)를 넣어주면 표면 장력을 낮추어 추출이 더 잘 된다. 세포막이 파괴되었을 때는 세포 내용물이 직접 용매에 풀린다.

용해 및 탈흡착 단계

용매가 세포 안으로 들어가면 용매에 풀리는 성분들이 녹고 콜로이드가 풀려 용액 상태로 되거나 솔(sol) 상태(콜로이드 입자가 액체 속에 분산되어 유동성을 지니고 있는 상태)로 된다. 세포 안에 있는 고분자물질들은 유효 성분을 흡착하여 추출을 방해한다. 이런 흡착력을 극복하기 위해 물을 비롯한 극성 용매를 써서 탈흡착시킨다. 탈흡착작용을 높이기 위해 용매에 산, 알칼리, 알코올, 글리세린 및 기타 계면 활성제를 섞을 수 있다.

확산 및 치환 단계

세포 안에서 용매에 풀린 성분들은 세포막 또는 세포간극을 통해 용액이 밖으로 나오므로 추출과정이 진행된다. 용매에 풀리는 성분들은 삼투작용에 의해 세포막을 투과하지만 매우 느리다. 용매가 세포막을 통해 세포 안으로 들어가 성분들을 녹이면 세포 안의 삼투압이 높아져 세포막이 붙어나 터진다. 세포 안에서 세포 내용물이 풀리면 세포 안에서 밖으로 향하는 확산작용이 일어나 세포 안과 밖의 농도가 같아진다. 이런 확산 속도는 온도가 높을수록 빨라지며 분자량의 제곱에 반비례한다.

말려서 보관했던 원료는 죽은 세포의 세포벽을 통한 물리적 확산이 일어나기 때문에 성분은 물론 고분자물질도 쉽게 추출된다. 그러므로 추출 시간을 짧게 할 수 있다. 그러나 말린 원료는 분쇄를 잘 해야 물이 빨리 스며들면서 유효 성분이 충분히 추출된다.

**추출에 영향을 주는 주요 요인**

**원료의 분쇄도**

원료의 확산 면적이 클수록 확산 속도가 빨라진다. 확산 면적은 원료의 분쇄도와 관계있다. 분쇄도가 작을수록 표면적이 넓어지고 세포 조직이 물러져 잘 추출된다. 그러므로 원료는 적당하게 썰거나 분쇄해야 한다. 하지만 원료를 지나치게 분쇄해 가루를 내면 고분자물질이 많이 추출되어 점도가 높아져 거르기 힘들고, 추출물이 흐려지거나 심지어 묵 상태가 되어 용매의 이동을 방해해 추출하기 힘들 수 있다. 단단한 재질 원료는 대체로 1~2밀리미터 두께로 썰고, 부슬부슬하고 유연한 원료는 3~4밀리미터 두께로 썬다. 잎이나 나무껍질은 가는 실 모양으로 썰거나 부순다.

### 추출 시간

세포 안에서 확산되는 물질의 양은 추출 시간에 비례한다. 일반적으로 추출이 끝났다고 하면 유효 성분이 완전히 추출되었다기보다 절반 정도 추출되었음을 뜻한다. 저분자 유효 성분은 추출과정 첫 단계에 많이 추출되며 시간이 지남에 따라 고분자물질이 추출된다. 너무 오래 추출하면 오히려 추출물의 질이 나빠질 수 있으며, 효소 영향으로 유효 성분이 분해될 수 있고, 미생물의 영향을 받을 수도 있다. 또한 경제적으로도 손실이다.

### 온도

온도가 높아지면 물질의 확산 속도가 빨라지므로 추출 속도도 빨라진다. 그러나 높은 온도에서 유효 성분이 분해되거나 날아가는 식물성 농약 원료라면 온도가 적당해야 한다. 또한 온도가 높으면 불필요한 물질이 많이 추출되면서 질이 떨어질 수도 있다. 그러므로 추출이 잘 되는 성분과 휘발 성분이 들어 있는 원료는 낮은 온도에서 짧은 시간 추출하고, 조직이 치밀하고 유효 성분이 비교적 안정적인 원료는 높은 온도에서 추출하는 것이 좋다.

### 농도 차이

세포 안과 세포 밖의 농도 차이를 크게 할수록 성분이 더 잘 추출된다. 그러므로 배출식 추출법에서는 원료가 계속 새 용매와 접촉하도록 해야 하며, 담금식 추출법에서는 자주 저어주어야 빨리 추출된다.

### 용매

유효 성분은 용매에 의해 추출되기 때문에 용매 선택을 잘 해야 한다. 용매는 세포막을 통과할 수 있어야 하며, 세포 안의 유효 성분을 녹이고 그것을 세포 밖으로 배출시켜야 하고, 불필요한 성분은 가급적 녹여내지 말아야 한다. 또한 유효 성분에 나쁜 영향을 주지 말아야 하며, 값이 싸고 쉽게 구할 수 있어야 한다. 그리고 뒤처리와 보관 및 이용이 편리해야 한다.

용매로 여러 가지를 쓸 수 있지만 물이 가장 좋다. 물은 세포막을 통과해 스며드는 기능이 강하고, 대부분의 유효 성분을 우려낼 수 있으며, 인체에 해가 없다. 다만, 물은 유효 성분이 물에 분해되기 쉽고 미생물의 피해를 받기 쉬우며, 물 추출용액을 농축할 때는 많은 열에너지가 필요하다. 뿐만 아니라 온도가 높으면 유효 성분이 분해되기 쉽기 때문에 이에 대한 대책을 세워야 한다.

용매로 쓰는 물은 센물이 아닌 연수를 쓰는 것이 좋다. 센물에 있는 칼슘, 마그네슘 이온은 유효 성분이 추출되는 것을 방해하며, 타닌 성분과도 반응해 추출물의 질이 떨어질 수 있다. 공장에서는 증류수나 양이온 교환수지와 음이온 교환수지를 통과시킨 탈염수를 쓰는 것이 좋다.

### 추출방법

추출방법에는 담금식 추출법, 배출식 추출법, 연속식 추출법이 있다.

### 담금식 추출법

적당한 용기에 원료와 용매를 넣고 뚜껑을 덮은 다음 일정 시간 동안 놓아두어 추출하는 방법이다. 먼저 추출통에 원료를 넣고 일정한 양의 용매를 넣어 적신다. 그런 다음 원료가 잠기도록 추출 용매를 넣고 80~90도에서 저어주면서 추출하거나 필요에 따라 50~60도에서 3시간 우린다. 시간이 되면 추출물을 걸러내고 찌꺼기를 짜낸 다음 다시 추출할 수 있다.

추출이 잘 되게 하려면 한 번에 많은 양의 용매로 추출하는 것보다 여러 번 나누어 추출하는 것이 좋다. 더불어 자주 저어주거나 물을 순환시키면 더 빨리 추출된다. 꾹꾹 눌러주는 것도 효과적이다.

추출물은 그릇에 담아 일정 기간 놓아두어 고형물질들을 가라앉히고 우려낸 맑은 물을 받는다. 그릇은 보통 유리, 도자기, 법랑철기, 도금한 금속, 스테인리스로 만든 것을 쓰고, 철이나 구리, 알루미늄과 같은 금속 제품은 쓰지 말아야 한다.

추출통은 일반적으로 둥근형으로 만들고 밑에는 추출물을 뽑기 위한 밸브를 단다. 추출통 밑에는 여러 가지 모양의 격자판 또

저어주기(80~90℃)  3시간 우리기(50~60℃)  자루에 넣어 추출하기

는 채판을 깔고 그 위에 거르기 재료를 깔아 추출물이 쉽게 흘러내리도록 하며, 찌꺼기에 밸브가 막히지 않도록 해야 한다.

나뭇진이 많은 원료는 자루에 넣어서 담가 추출하면 잘 우러나고 추출한 뒤 걸러 짜기도 편리하다. 원료를 잘 저어주기 위해 회전식 추출통을 써도 된다.

**배출식 추출법**

새로운 용매를 자주 보충하면서 밑으로 추출물을 뽑아내는 방법이다. 원료를 추출통에 넣기 전에 일정한 양의 용매로 충분히 적신 다음 추출통에 다져 넣고 원료보다 30~40밀리미터 올라오게 추출 용매를 넣는다.

| 밸브를 열어서 통 안의 공기를 뺀 뒤 용매를 원료보다 30~40mm 더 넣는다. | 뚜껑을 덮고 24~48시간 우린다. | 1시간에 총 용매량의 1/48~1/24의 추출물을 뺀다. |

밸브는 열어놓았다가 추출물이 떨어지기 시작할 때 잠근다. 밸브를 열지 않고 용매를 넣으면 통 안에 공기가 빠지지 않고 용매가 골고루 채워지지 않아 추출하는 데 지장을 줄 수 있다. 공기가 완전히 빠졌는지 확인하기 위해 밸브를 열어 추출물을 어느 정도 뽑는다. 뽑아낸 추출물은 추출통 안에 다시 넣는다. 뚜껑을 덮고 24~48시간 놓아두었다가 1시간에 총 용매량의 48분의 1에서 24분의 1에 해당하는 추출물이 빠지게 밸브를 조절한다. 이때 줄어드는 양만큼 계속 새로운 용매를 보충해 유효 성분이 완전히 추출될 때까지 추출한다.

추출통의 재질은 담금식 추출통과 같으며, 아랫부분은 깔때기 모양으로 격자판을 만들고 윗부분에는 채판을 깔고 거르기 천을

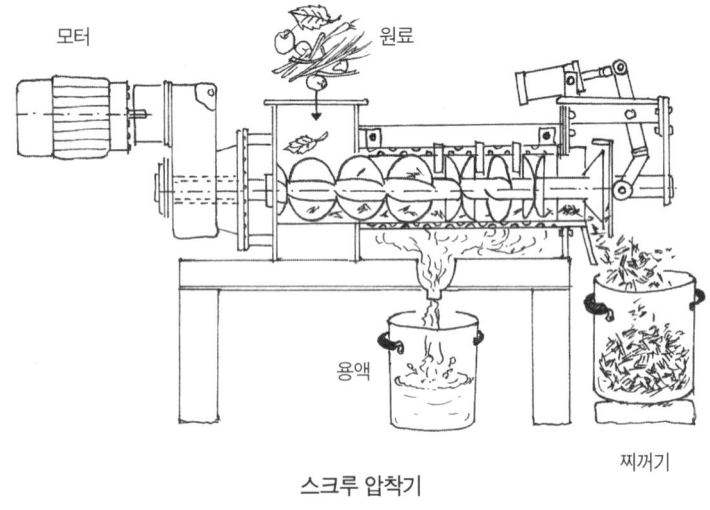

**스크루 압착기**

덮는다. 추출이 끝나면 찌꺼기를 쉽게 꺼낼 수 있도록 추출통은 뒤집어엎을 수 있는 것이 좋다.

### 연속식 추출법

추출과정을 자동화할 수 있고 조작을 연속적으로 할 수 있으며, 추출 시간을 단축할 수 있다. 추출통 안에서 원료가 스크루에 의해 한쪽으로 이동되고 용매는 그 반대 방향으로 이동된다. 원료가 용매와 맞닿고 섞이면서 유효 성분이 추출되며 한쪽 끝으로 나가고, 다른 쪽 끝으로는 추출하고 남은 찌꺼기가 압착되어 나가게 되어 있다.

원료를 적시고 일정 시간 추출한 다음 스크루식 압착기로 계속 용액을 짤 수 있다. 생원료인 경우에는 일정 정도로 원료를 찧어 압착기로 짜낼 수 있다. 연속식 추출법은 기계로 추출할 뿐 아니라 부피를 줄이고 농축하는 에너지를 절약할 수 있다.

### 추출물의 증발 농축

추출물의 물동량을 줄이고 운반과 보관, 이용에 편리하도록 추출물을 증발, 농축시킨다. 증발, 농축은 보통 뚜껑을 덮지 않은 이중 가마 틈 사이에 증기를 쐬어 증발시킬 수 있다. 그 밖에도 여러 가지 방법으로 추출물을 증발, 농축시킬 수 있다.

## 식물성 농약 가루 만드는 방법

식물성 농약 가루는 한 가지 또는 여러 가지 식물성 농약 원료를 말려 만든다. 농약 가루는 보관과 취급이 편리하고 비교적 안전하다. 그리고 필요에 따라 몇 가지를 섞을 수도 있고 아무 때나 쓸 수 있다.

### 가루내기
#### 원료 가루내기
원료를 골라 씻은 다음 60도 이하에서 수분 함량이 6퍼센트 미만이 되게 말리고 가루낸 뒤 체로 친다.

가루를 내는 방법에는 건식 분쇄법과 습식 분쇄법이 있다. 건식 분쇄법에는 다양한 분쇄기를 쓸 수 있다. 겉모양이 변하기 쉽고 질긴 원료는 볼밀이나 압쇄기로 가루를 내기 힘들다. 그러므로 이런 원료는 먼저 잘게 자른 다음 만능 분쇄기로 가루를 낸다. 열에 분해되기 쉬운 성분이 많이 들어 있는 원료는 연마기, 공기 분쇄기(에어밀)를 쓰면 좋다. 수분을 흡수하기 쉬운 원료는 밀폐형 분쇄기로 가루를 낸다.

### 농축액 가루 만들기

추출물을 졸여 수분이 25~35퍼센트 되게 농축액(extract, 약재에서 필요한 성분을 일정한 용매로 추출한 뒤 추출 용액에서 용매의 전부 또는 일부를 회수하고 규정된 용도를 보장해 만든 약)을 만들고 여기에 식물가루나 추출하고 남은 찌꺼기 가루를 섞어 일정 온도에서 말린 뒤 가루를 낸다.

### 체치기

원료를 가루낸 다음 균일한 작은 크기의 알갱이를 얻기 위해서는 체로 쳐야 한다. 원료 가루는 진동체, 충격체, 원통체, 공기선별기로 알갱이의 지름이 0.1~100마이크로미터 되게 친다. 뿌리나 뿌리줄기와 같이 조직이 비교적 단단한 원료는 알갱이 지름이 0.3~0.8밀리미터 정도의 가루로 만들며, 열매나 씨와 같은 각질

조직을 가진 원료는 알갱이 지름이 0.15~0.25밀리미터 되게 가루로 만든다.

### 가루약 섞기

두 가지 이상의 원료 가루를 섞을 때는 가루의 크기가 비슷해야 하며 양이나 비중의 차이가 심하지 않아야 한다. 가루를 섞는 혼합기는 회전식 혼합기와 고정식 혼합기가 있다.

식물성 농약은 해충 또는 곰팡이의 피해를 받을 수 있다. 해충을 막기 위해서는 해충을 죽이는 약(클로로포름, 사염화탄소, 포르말린)을 솜에 적시어 함께 넣어두거나 가루약에 뜨거운 바람을 쏘여주어야 한다.

## 식물 추출물-영양원소 복합제 만드는 방법

식물 추출물에 다량 및 미량 원소, 희토류 원소를 배합하면 농약 활성이 훨씬 높아진다. 초기에는 휴민산에 영양원소를 배합하는 방법으로 농약이 개발되었다. 그러나 점차 식물 추출물에 영양원소를 배합하면 활성이 더 높아진다는 것이 확인되어 식물 추출물-영양원소 복합제가 세계적인 추세가 되고 있다. 여기에 유기산, 아미노산, 핵산, 비타민제를 배합해 제품을 만들고 있다.

이렇게 만든 식물성 농약은 기초대사의 단위당 에너지 소비량을 낮추면서 농작물의 전반 생리적 과정을 활성화해 영양물질의 흡수 이용률을 높인다. 또한 불리한 환경조건에서 잘 견딜 수 있게 함과 동시에 병해충의 피해를 막는다. 뿐만 아니라 농약과 비료의 소비량을 줄이고 수확은 물론 생산물의 품질을 높이며, 이로운 미생물의 활성을 높이고 토양을 개량하며, 농작물의 영양 환경을 좋게 해준다.

## 식물성 농약 생산을 산업화할 때 생기는 문제

 식물성 농약 생산을 산업화하는 데서 중요한 것은 무엇보다 추출과정 공정을 기계화하는 것이며, 그 가운데서도 추출물을 짜는 공정을 기계화하는 것이다. 추출 용매로 쓰는 물의 양을 최대한 적게 하면서 가급적 농도 높은 추출물을 짜내야 물동량을 최대한 줄이면서도 효과를 높일 수 있다. 짠 추출물은 직접 식물성 농약으로 쓸 수도 있다.

 다음으로 중요한 것은 방부제와 계면 활성제를 비롯한 보조 약제의 해결이다. 그리고 식물 추출물에 다량 및 미량의 영양원소, 희토류 원소, 아미노산, 핵산, 유기산, 비타민 따위를 더 배합해 농약의 활성을 최대한으로 높이는 것도 중요하다.

 국내에서는 식물 추출물을 유기 농산물 생산을 위한 친환경 유기 농자재로 목록 공시해 쓰고 있는데, 이를 위한 친환경농업육성

법을 일부 개정(2011. 3. 9)하여 품질인증제를 시행(2011. 9. 10)함에 따라 목록공시제(효능, 성분 함량 무보증), 품질 인증(효능, 성분 함량 보증)의 공시 및 품질 인증 기준에 대한 심사 사항을 시행 규칙에 구체적으로 정하고 있다.

## 복합제형 식물성 농약 생산에서 고려할 점

여러 가지 성분이 들어 있는 식물성 농약을 섞을 경우 일부 성분들은 서로 화학 반응을 일으켜 활성이 떨어질 수 있다.

### 식물 성분의 상호간 화학 반응
### 알칼로이드 성분

알칼로이드 성분이 주요한 활성 성분인 담배, 애기똥풀, 너삼, 독말풀, 바꽃, 박새와 같은 식물 원료에 타닌을 주요한 활성 성분으로 하는 식물 원료를 섞으면 알칼로이드 성분이 타닌과 반응해 물에 풀리지 않는 앙금이 생겨 활성이 떨어진다. 그러므로 알칼로이드 성분이 많이 들어 있는 식물 원료와 타닌 성분이 많이 들어 있는 식물 원료는 섞어 쓰지 않는 것이 좋다. 거의 모든 알칼로이드 성분은 알칼리성 매질에서 물에 풀리지 않는 앙금을 만들며, 일부 금속 이온과도 반응해 앙금이 생기게 한다. 알칼로이드 성분은 대체로 약산성에서 안정하다.

### 타닌을 비롯한 폴리페놀 성분

식물에 널리 들어 있는 타닌 성분은 약산성에서 비교적 안정하지만 일정한 산성에서는 앙금을 만들며, 알칼리성에서는 불안정해 쉽게 분해된다. 타닌 성분은 알칼로이드, 산성, 금속 이온, 단백질과 같은 많은 성분과 작용하면 물에 풀리지 않는 앙금을 만든다. 또한 타닌 성분은 환원성이 강하므로 공기 중의 산소나 용액 속의 산소는 물론, 여러 가지 산화성 성분과 반응해 짧은 시간 동안 산화, 변성되어 활성을 잃는다. 타닌 성분의 항산화 활성은 토코페롤보다 강하다.

단백질을 비롯한 고분자 화합물은 1차 대사 산물이지만 중요한 농약 활성 성분이다. 또한 이것은 식물성 농약에 적지 않은 양이 들어 있고, 복잡한 교질계를 이루고 있다. 단백질은 70도 이상의 높은 온도에서 변성 비활성화되고 앙금을 만들며, 일정한 산성 매체와 금속 이온에 의해 물에 풀리지 않은 앙금을 만든다. 그러므로 식물성 농약을 섞을 때는 가급적 중성에 가깝게 맞추며 계면 활성제, 용해 보조제, 기타 안정제를 잘 배합해야 한다.

### 높은 열의 작용

식물성 농약 원료에 들어 있는 단백질, 비타민, 아미노산, 핵산을 비롯한 많은 활성 성분은 열에 불안정하다. 그러므로 높은 온도에서 오랫동안 추출하는 것을 삼가야 한다. 보통 끓여서 추출할 경우 20~30분이면 충분하며, 끓는 물을 원료에 붓고 70도에서 추출할 경우에는 3시간 정도가 적당하다. 하지만 풀류와 잎류는 25도 정도의 물에서 24시간 추출하면 활성 성분이 충분히 우러나오나 볏짚과 같이 잘 우러나지 않는 것은 하루 반나절에서 이틀 동안 우려낸다.

찬물로 원료를 추출하면 활성 성분의 분해를 막을 수 있다. 찬물로 원료를 추출할 때는 효소가 분해되거나 미생물에 의해 원료가 썩는 현상이 있을 수 있다. 그러므로 원료에 뜨거운 물을 부어 효소와 미생물을 죽인 다음에 추출하는 것이 좋다.

농축할 때는 70도 이하에서 짧은 시간에 끝내야 한다. 그러므로 추출물을 이중으로 된 통에 넣어 저어주거나 바람을 불어주면서 농축시킨다. 농축시킬 때 열에너지 소비와 높은 온도에 의한 유효 성분의 분해를 줄이며, 추출 용매의 양을 최대로 줄이기 위해서는 스크루식 연속 추출 설비나 스크루식 압착기를 쓰는 것이 좋다. 수직식 압착기나 원심 탈수기를 써도 된다.

즙을 짜는 기계를 쓰면 생원료는 직접 짜기 때문에 원료 질량의 30~70퍼센트 정도의 즙을 쉽게 얻을 수 있다. 마른 원료인 경우는 추출하는 물의 양을 원료 질량의 3~4배 정도 섞으면 충분하다.

**미생물 감염**

식물 추출물에는 영양물질이 많이 들어 있기 때문에 미생물 감염이 쉬울 수 있다. 미생물에 감염되면 농약의 활성이 급격히 떨어진다. 그러므로 원료의 보관, 가공, 추출 공정, 농축 공정, 배합 및 포장 공정에 이르기까지 농약 생산의 전반적인 과정에 미생물 피해를 막아야 한다.

먼저 추출과정에 쓰는 모든 통을 미생물 감염으로부터 철저히 관리해야 한다. 모든 통은 끓는 물이나 증기로 소독해서 써야 하며 뚜껑을 확실히 덮어야 한다. 그리고 짧은 시간 동안 모든 생산공정을 끝낼 수 있도록 계획하고 통제해 감염될 수 있는 시공간을 없애야 한다.

다음으로 식물성 농약 생산과정에 부식 방지 대책을 철저히 세워야 한다. 식물 추출물이 변질되는 것을 막기 위해서 유기산인 프로피온산, 프로피온산암모늄, 폼산, 아세트산, 폼아미드를 0.5~2.0퍼센트 섞으며, 시트르산과 퓨마산은 1~2퍼센트, 벤조산은 0.1퍼센트 섞는다. 또한 나무 건류액(목초액)도 식물 추출물에 10퍼센트 정도 넣을 수 있다. 건류액에는 3~7퍼센트 정도의 유기산이 들어 있으며, pH는 2~3 정도이므로 식물 추출물이 변질되는 것을 막는다. 건류액은 살충·살균 작용을 도우며 생장조절작용과 토양개량작용을 한다.

**배합 원칙**

식물성 농약을 배합할 때는 추출물의 교질계가 안정한 상태를 유지하도록 하며, 활성 성분 사이에 있을 수 있는 부정적인 반응을 차단시켜야 한다. 그러기 위해서는 배합 순서를 잘 지켜야 하며, 계면 활성제를 비롯한 안정제의 배합방법을 잘 알고 철저히 지켜야 한다. 이를테면 떡갈나무 추출물이나 담뱃잎 추출물을 비롯한 몇 가지 식물 추출물에 방부제로 건류액을 배합할 수 있는데, 이때 교질계가 파괴되면서 앙금이 생기며 활성이 떨어질 수 있다. 이런 경우에는 계면 활성제를 비롯한 반응을 방해하는 보조 약제를 미리 섞은 다음 건류액을 넣어야 한다. 예를 들어 담배 추출물이나 볏짚 추출물을 비롯한 많은 식물 추출물에 영양원소를 배합할 때 강한 이온 활성으로 인해 교질계가 파괴되며 앙금이 생기고 활성이 떨어지는데, 이때는 계면 활성제를 비롯한 보조 약제를 먼저 배합해야 한다. 특히 부식산, EDTA, 석신산, 시트르산, 퓨마산과 같은 유기산에 계면 활성제를 배합하고 식물 추출물과 기타 보조 약제를 배합해야 한다.

 식물성 농약을 제대로 만들기 위해서는 부식산 제제를 잘 써야 한다. 부식산은 킬레이트화 작용과 생장자극작용이 좋으므로 식물성 농약에 배합해 쓰면 효과를 높일 수 있다. 부식산은 식물에 들어 있는 리그닌과 여러 가지 페놀 화합물이 부식과정에 생긴 페놀성 고분자 중합물이다. 부식산은 주로 휴민산과 풀보산(토양 부식질의 한 부분)으로 되어 있다. 풀보산은 휴민산보다 활성이 더 강하다. 휴민산은 알칼리성에서 풀리고 산성에서 앙금이 만들어지지만, 풀보산은 수용성이며 산성에서도 앙금이 생기지 않는다. 따라서 니탄을 원료로 부식산을 만들면 활성 풀보산 함량이 높아진다.

부식산은 주로 토탄을 우려서 얻는다. 속성 부식산은 석탄을 공기에 산화시켜 추출하는 방법과 짚을 비롯한 원료들을 알칼리성에서 철을 촉매로 하여 끓이는 방법으로 만들어 쓴다. 부식산은 식물성 농약의 안정성을 높이고 일정한 계면 활성을 보장할 수 있다. 식물성 농약을 배합할 때 앙금이 생기지 않게 하기 위한 대책을 세워야 한다.

# 5

## 식물성 농약의 사용

식물성 농약의 다양한 사용방법

식물성 농약은 씨앗이나 모판에 처리할 수 있으며 본답에서도 쓸 수 있다. 뿐만 아니라 창고에 쓰면 해충과 병원균의 피해를 막을 수 있다.

## 식물성 농약의 다양한 사용방법

### 씨앗 처리

식물성 농약으로 씨앗을 처리하면 씨앗에 묻어 있던 병원균을 죽임으로써 농작물에 병이 생기는 것을 막을 수 있다. 그리고 씨앗에 성장 자극을 주어 싹이 빨리 트고 뿌리가 잘 내리며 전반적인 생육에 영향을 주어 병해충을 비롯한 온갖 불리한 환경조건에서 잘 견딜 수 있는 힘을 길러준다.

식물성 농약을 이용한 씨앗 처리는 씨앗을 약물에 담그거나 약물을 묻혀주는 방법이 있다. 마늘, 파, 소나무, 귀룽나무, 마가목 추출물로 씨앗을 소독하면 농작물의 병을 막을 수 있고 마늘, 파, 산마늘 추출물로 옥수수 씨앗을 처리하면 옥수수깜부기병을 방지할 수 있다.

자료에 의하면 마늘액으로 씨앗을 처리했을 때 병의 발생률은 0.2퍼센트였지만 처리하지 않은 것은 35퍼센트였다. 솔잎, 솔방울, 자작나무 껍질 가루로 씨앗을 처리하면 밀과 보리에 깜부기병, 뿌리썩음병이 잘 생기지 않는다.

식물성 농약으로 씨앗을 처리할 때 씨앗 처리 시간은 씨앗 껍질의 질과 물의 흡수 속도, 씨앗의 성질에 따라 다르다. 약물에 씨앗을 오랜 시간 처리하면 오히려 씨앗의 호흡을 억제하기 때문에 나쁜 결과를 가져올 수 있다. 그러므로 먼저 씨앗이 물을 충분히 흡수한 다음 약물 처리를 해야 한다. 이렇게 하면 병원균을 죽이면서도 씨앗의 발아를 빠르게 할 수 있다. 그러나 많은 약물을 씨앗에 흡수시킬 목적으로 씨앗 처리를 할 때는 식물성 농약에 의한 선종(소금물 고르기 대신)과 약물 처리를 마른 씨앗에 직접 할 수도 있다. 씨앗 처리는 비교적 농도 높은 약물로 짧은 시간 동안 하거나 희석된 약물로 오랫동안 할 수 있다.

여러 가지 식물성 농약으로 볍씨를 처리해본 경험에 따르면

500배 희석액으로 12시간 처리할 경우 약효는 1,000배 희석액으로 24시간 처리했을 때와 서로 비슷했다.

감자처럼 싹이 보이는 종자는 낮은 농도의 용액으로 짧은 시간 처리하는 것이 좋다. 즉 식물성 농약의 농도를 볍씨 처리를 할 때보다 5분의 1에서 10분의 1 정도로 할 수 있다. 감자 종자를 높은 농도의 약물로 처리하면 싹이 피해를 볼 수 있다. 씨앗 처리가 끝나면 맑은 물로 깨끗이 씻어야 한다.

### 모판 처리

식물성 농약을 모판에 처리하면 모를 튼튼히 키울 수 있으며 병해충의 피해를 미리 막을 수 있다. 또한 본답 면적에 비해 모판 면적이 매우 작기 때문에 약물을 적게 쓰면서도 큰 효과를 볼 수 있으며, 모내기를 늦게 하는 경우 벼물바구미를 모판 단계에서 모두 잡을 수 있다. 그리고 유충 때문에 생기는 벼 뿌리의 피해를 미리 막을 수 있다.

모판에서는 볏모 잎이 1~1.5잎 때부터 식물성 농약을 치기 시작해 7~10일에 한 번씩 뿌려준다. 이때는 물 대신 약물을 3.3제곱미터당 3리터 정도 뿌려주어야 한다. 또한 모내기할 때 모의 잎이나 뿌리를 약물에 20~30분 동안 담갔다 심으면 사름효과를 높일 수 있다. 식물성 농약은 영양배지를 만들 때 배지 재료에 물 대신 넣을 수 있다.

### 밭 처리

식물성 농약은 밭에서 농작물이 자라는 생육 기간 동안 7~10일 간격으로 10~16번까지 계속 뿌려줄 수 있지만, 보통 서너 번 뿌려도 효과를 볼 수 있다. 밭에서는 이삭이 패기 시작할 때, 열매가 맺히기 시작할 때, 농작물에 활착비료, 조절비료, 새싹비료를 주는 시기에 식물성 농약을 쓰면 효과가 크다.

식물성 농약을 뿌릴 때 추출물에 요소를 0.1~0.5퍼센트 섞어 쓰면 효과가 더 좋아진다. 가루 농약은 미리 물에 풀어놓았다가 쓸 수도 있고 가루를 직접 뿌릴 수도 있다. 이슬이 있을 때 가루 농약을 잎에 뿌려주면 약 성분이 이슬에 우러나와 효과를 나타낸다.

토양 해충을 막기 위해서는 가루 농약이나 원료를 찧어 직접 땅속에 넣어주거나 땅 위에 뿌려주며 추출물을 관수해줄 수 있다. 또한 식물성 농약을 찧은 다음 자루에 넣어 논물이 흘러 들어가는 곳에 놓아둘 수도 있다. 이렇게 하면 자루 속의 약 성분이 우러나와 논판에 들어가서 물속 해충이나 땅속 병해충을 죽일 수 있으며, 농작물에 생장조절효과도 나타낼 수 있다.

식물성 농약은 연기 쏘이기 방법으로도 쓸 수 있다. 식물성 농약 원료를 태우면 약 성분이 연기에 섞여 나와 해당 병해충을 죽이거나 쫓는다. 예를 들어 쑥을 태워 모기를 쫓는, 즉 모깃불을 피우는 방법이 이것에 속한다.

그 밖에도 식물성 농약 원료에 유인제를 섞어 미끼로 만들어 쓰는 방법, 점착성 있는 물질을 유인제에 섞어 벌레를 끌어들여 움직이지 못하게 하는 방법, 쫓는 작용이 강한 것을 섞어 쓰는 방법, 섭식활동 방해작용이 있는 것을 유인제나 섭식 자극물질에 섞어 벌레를 막는 방법 따위와 같은 다양한 방법이 있다.

병충해가 심한 밭에는 추출물에 계면 활성제를 섞어 쓰는 것이 좋다. 확산성과 접착성을 좋게 하는 계면 활성제를 섞어 쓰면 식물성 농약이 식물과 벌레에 잘 묻고 침투되기 때문에 약효가 높아진다. 계면 활성제만 섞어 써도 식물성 농약의 활성을 10배 이상 높일 수 있다.

보통 자체로 만들어 쓰는 식물성 농약에는 비눗물이나 광물유-비누 에멀션을 섞어 쓴다. 비누는 가급적 중성 비누를 쓰며 추출물에 0.1~0.4퍼센트 섞는다. 광물유는 비누 에멀션으로 만들어 추출물에 0.1~0.4퍼센트 섞어 쓰는 것이 좋다. 광물유 에멀션은 600~800배 희석시켜 논벼나 옥수수 이삭이 나올 때 한두 번 뿌려주면 3.3제곱미터당 이삭 수, 이삭당 알 수, 알당 질량이 늘어나 수확량이 높아진다. 이 밖에도 파라핀 에멀션이나 납질의 에멀션은 수분 증발을 막으므로 가뭄 피해를 막는 데 효과가 있다.

식물성 농약에 일부 화학 농약을 섞어 쓸 수도 있다. 이때는 화학 농약의 사용량을 5분의 1 또는 10분의 1 이하로 줄여도 같은 효과를 낸다. 다만, 식물성 농약에 화학 농약을 섞어 쓸 때는 미리 시험해보고 효과를 확인한 다음에 쓰는 것이 좋다. 델타메트린을 식물성 농약에 섞을 때는 10분의 1의 양에서도 벼물바구미를 잡는 데 효과가 좋다.

식물성 농약에 소석회, 유산동, 유산철, 보르도액과 같은 무기성 농약은 섞어 쓰지 말아야 한다. 소석회 추출물에 섞으면 타닌, 유기산, 페놀 물질을 비롯한 유효 성분이 물에 풀리지 않는 앙금을 만들기 때문에 약효가 떨어진다. 식물성 농약의 적지 않은 활성 성분은 알칼리성 매질에서 불안정하기 때문에 식물성 농약을 알칼리성 농약과 섞어 쓰지 말아야 한다.

### 낟알 보관

식물성 농약은 알곡을 비롯한 농작물을 병해충의 피해로부터 보호하고, 또 안전하게 보관하기 위해 쓴다. 감자나 당근 같은 채소를 보관할 때 파, 마늘, 겨자, 생강, 마가목, 개박하, 쑥, 전나무, 역삼 따위를 같이 두면 병해충을 막을 수 있다.

# 6

# 주요 식물성 농약

농업 부산물로 만든 식물성 농약
나뭇잎류로 만든 식물성 농약
풀류로 만든 식물성 농약
해조류로 만든 식물성 농약
제품 형태의 식물성 농약

병해충으로 인한 피해를 미리 막기 위해서는 식물성 농약의 특성과 사용방법을 잘 알고 써야 한다.

### 농업 부산물로 만든 식물성 농약

볏짚을 비롯한 많은 농업 부산물에는 병원균과 해충을 죽이는 여러 가지 유효 성분이 들어 있어 식물성 농약의 원료로 널리 쓰인다.

## 곡류 작물 부산물로 만든 식물성 농약

### 볏짚 추출물

벼는 볏과에 속하는 한해살이 곡류 작물이다. 벼를 식물성 원료로 쓸 때에는 벼를 탈곡하고 남은 볏짚이나 깍지, 이삭과 같은 부스러기를 말려 쓰거나 볏겨 쓴다.

▶성분과 작용

볏짚 추출물은 접촉 독작용으로 병충해를 막는 작용을 하는데, 살충·살균 작용을 하는 여러 가지 방향족 카복실산과 페놀 성분이 들어 있기 때문이다. 방향족 카복실산과 옥시지방산은 해충과 병원균을 죽이는 작용을 하며, 벤조산은 벌레 유인작용을 하고, 호르다틴 A·B는 피토알렉신작용(병원균이 침입했을 때 그것의 발육을 저지하기 위해 식물이 보다 강력한 항균성 물질을 분비하는 과정)을 한다.

볏짚 추출물에 들어 있는 이산화규소($SiO_2$)는 벌레의 섭식활동을 떨어뜨리는 작용을 한다. 볏과 식물에 들어 있는 단백 분해효소 억제물질은 뿌리혹선충과 나무혹선충을 막는 작용을 한다.

볏짚 추출물은 생장조절작용을 한다. 불리한 환경조건이 만들어졌을 때 볏짚 추출물을 뿌리면 뿌리로 분비되는 다가페놀이 12~15퍼센트 많아지면서 뿌리 주변에 질소고정세균의 고정 능력을 높이고 뿌리 발육이 빨라지면서 곁뿌리와 털뿌리가 많아져 불리한 환경에 견디는 힘이 강해진다.

볏짚 추출물에 들어 있는 페놀은 잡초와 광합성을 억제한다. 그리고 섬유소, 펜토산, 단당과 같은 당질과 단백질은 섬유소 분해균을 비롯한 토양 미생물의 영양분이 되며, 질소 유실을 막고 공생·비공생 질소고정세균에 의한 질소고정 능력을 높여 질소를 보충해준다. 볏짚에 들어 있는 섬유소는 킬로그램당 질소 10~12그램을 고정하는 데 소비된다. 이때 방선균은 0.3~12그램, 균류는 0.4~18그램의 질소를 고정한다. 토양 미생물에 포도당, 전분 따위의 유기화합물을 보충해주어도 질소고정 능력을 높일 수 있다.

볏짚 추출물이 부패, 분해되면서 아세트산이 생기는데, 이 물질은 생장조절과 뿌리 주변의 pH를 조절한다. 볏짚 추출물에 들어 있는 트리아콘타놀과 콜린, 살리실산 따위는 생장조절물질이다. 특히 살리실산은 불리한 환경조건(냉해, 비바람, 가뭄, 염풍해)에 대한 신호 전달물질로 농작물이 불리한 환경조건에서 잘 견딜 수 있게 해주는 중요한 작용을 한다. 이때 벼의 키틴올리고당에 의해 세포막 전위 분극이 사라지고 세포질의 산성화, 단백질의 인산화, 활성산소 생성, 재스몬산의 합성, 피토알렉신 합성과 같은 세포 응답 반응이 일어나 방어 기능을 수행한다.

볏짚 추출물은 토양 속에 영양물질과 부식 함량을 높이는 작용을 한다. 볏짚에는 일정한 양의 영양 성분이 들어 있으며, 그 조성 비율은 벼에 가장 합리적이다. 볏짚 추출물에 들어 있는 영양 성분은 주로 유기물 형태로 되어 있기 때문에 물에 담그면 우러나온다. 그러므로 농작물의 영양이 부족할 때 뿌리면 농작물이 영양 성분을 바로 흡수한다. 볏짚 1톤의 부식 함량은 잘 썩은 두엄 2.7톤, 생풀 두엄 7.3톤에 해당한다.

▶ **만드는 방법**

말려서 보관했던 볏짚을 잘게 썰거나 분쇄하여 통에 넣고 원료양의 6~10배의 끓는 물을 붓는다. 이때 온도는 70도 이하로 내려가지 않게 보온하면서 3시간 동안 추출한다. 추출물을 걸러낸 다음 중성 비누를 0.1~0.4퍼센트 넣거나 광물유-비누 에멀션을 0.5퍼센트 정도 조금씩 넣어주면서 세게 흔들어 섞는다. 광물유-비누 에멀션은 추출물이 식기 전에 잘 섞는다.

추출물은 만든 그날 써야 한다. 씨앗 처리용으로 볏짚 추출물을 쓸 때는 비누나 에멀션을 섞지 말아야 한다.

▶ **사용방법**

볏짚 추출물은 여러 작물의 씨앗 처리에 쓴다. 씨앗 처리에는 추출물을 6~10배의 물에 희석해서(볏짚 원료로 환산해 60~100배 용액) 쓴다.

볏짚 추출물을 모판에서 쓸 때는 유묘 시기(모 잎이 1~1.5일 때)에 잎에 뿌려준다. 그 후 7~10일 간격으로 뿌려준다. 볏짚 추출물은 논밭에서 농작물의 생육 기간에 뿌리는데, 특히 사름 시기, 이삭이 나오는 시기, 여무는 시기에 뿌리는 것이 좋다.

볏짚 추출물을 농작물에 뿌려주면 2~3일 뒤에 잎이 진해지면서 단단해지고 뿌리가 잘 뻗는다. 채소나 과일 밭에 뿌리면 맛과 색이 좋아진다.

볏짚 추출물은 곡류 작물과 채소 작물, 과일나무에 생기는 여러 가지 병해충(벼물바구미, 진딧물, 이화명나방, 검정등줄벼룩잎벌레, 배추흰나비 애벌레, 붉은테두리진딧물, 채소뿌리오배자선충, 담배모자이크바이러스병)을 막기 위해 쓴다. 볏짚을 3센티미터 정도로 썰어서 저장하는 곡류 작물과 골고루 섞고 입구를 꼭 막으면 해충의 피해를 막을 수 있다.

볏겨를 마늘밭에 2센티미터 정도 덮어주면 마늘고자리파리 때문에 생기는 피해를 막을 수 있다. 볏겨를 마늘밭에 덮어주면 성충이 볏겨 위에 알을 낳지 못하고, 알을 낳아도 수분 부족으로 유충이 되지 못하며, 알에서 나온 유충이 마늘 뿌리로 내려가지 못하고 죽는다.

볏짚을 고추밭에 덮어주면 고추역병을 막을 수 있다. 볏짚 피복 재료가 땅에서 올라오는 역병균을 막기 때문이다. 볏짚 잠복소를 만들어놓고 멸강나방을 유인해 피해를 막는다. 볏짚을 30센티미터 정도로 잘라서 4~5대씩 단을 묶어 25~30퍼센트 소금물에 24시간 동안 담갔다가 3.3제곱미터당 1개씩 밭에 꽂아놓는다. 잠복소별 멸강나방 산란율을 보면 떡갈나무 잠복소를 100퍼센트로 볼 때 볏짚 잠복소는 324퍼센트였다. 그러므로 볏짚 잠복소를 만들어놓으면 많은 멸강나방을 잡을 수 있다.

### 옥수숫짚 추출물

옥수수는 볏과에 속하는 한해살이 곡류 작물이다. 옥수수를 거두어들인 다음 옥수숫짚(잎과 줄기)을 거두어 말려 식물성 농약 원료로 쓴다.

▶성분과 작용

옥수수 추출물에는 농작물의 생장을 촉진시키는 생장자극물질과 병해충 피해를 막는 여러 가지 물질이 들어 있다. 옥수수 잎에 들어 있는 딤보아와 싹에 들어 있는 엠보아는 애벌레의 생장을 억제하거나 죽이는 작용을 한다. 또한 알로몬작용(어떤 생물에 의해 생산 또는 얻어진 화학물질로서 자연환경 아래에서 다른 종의 생물에 접했을 때 상대의 행동, 생리 반응을 자기에게 유리한 방향으로 일으키게 하는 물질)과 병원균을 억제하는 작용도 한다.

옥수숫짚에 들어 있는 정유 성분은 타감작용(자연계에서 하나의 생물이 다른 생물에 대하여 서로 이익을 주는 경우와 한쪽만이 피해를 받는 따위의 영향을 끼치는데, 이와 같은 영향이 생물 몸 밖에 배출된 물질로 인해 일어나는 현상)을 나타낸다. 또한 영양 성분, 페놀 성분, 트리아콘타놀, 브라시놀라이드 따위는 농작물에 생장자극작용을 나타낸다.

▶ 만드는 방법

옥수숫짚을 잘게 썬 다음 10배 정도의 끓는 물을 붓고 70도 이상의 온도에서 2~3시간 동안 우린다. 걸러놓은 추출물에 비누 0.1~0.4퍼센트 또는 광물유-비누 에멀션을 0.1~0.4퍼센트 넣는다.

▶ 사용방법

옥수숫짚을 넣고 50~100배로 우려낸 추출물을 씨앗에 처리한다. 모판 시기와 그 후 생육 시기에도 10일 간격으로 잎에 처리하면 좋다.

조명나방, 멸강나방, 벼물바구미, 배추흰나비 애벌레, 진딧물과 콩류의 탄저병, 감자·토마토·양배추·오이와 같은 채소류의 뿌리썩음병, 복숭아열매썩음병, 강낭콩탄저병이 생겼을 때 옥수숫짚 10~30배의 추출물에 0.1~0.4퍼센트의 비누나 광물유-비누 에멀션을 섞어 뿌리면 효과가 있다.

채소밭에 옥수숫짚과 개자리를 섞어 찧어 그 즙을 뿌리면 병해충 피해를 막을 수 있으며, 채소의 맛을 좋게 하고 수확을 높인다. 목화밭에 330제곱미터당 옥수숫짚 3~4단을 놓아두면 가루진딧물을 옥수숫짚으로 유인하고 산란율을 30~50퍼센트 떨어뜨린다. 옥수숫짚은 10일에 한 번씩 갈아준다.

밀짚 추출물

밀은 볏과에 속하는 한해살이 곡류 작물이다. 밀을 수확한 뒤

밀짚과 밀 찌꺼기를 모아 햇빛에 말려 식물성 농약 원료로 쓴다. 밀짚은 벼물바구미, 흑명나방, 진딧물을 잡는 데 효과가 있다. 밀짚으로 병해충을 막으려면 마른 것으로 정보당 150~200킬로그램이 필요하다.

▶**성분과 작용**

밀짚에 들어 있는 알칼로이드 성분인 호르다틴은 병해충을 막는 작용을 하며, 리그닌은 항미생물 활성을 높이고 농작물 생장을 자극한다. 밀짚에는 퓨마산이 6.1퍼센트 들어 있는데, 이 성분은 효소의 활성화 에너지를 낮춘다. 또 씨앗에 처리하면 효소 아밀라아제, 프로테아제가 활성화되고 가용성 당과 유리아미노산 함량이 높아진다.

밀짚 추출물은 농작물 뿌리의 산화력을 좋게 하며 카탈라아제 활성, 호흡 세기를 높이며 질소와 인, 칼륨을 잘 빨아들이게 하고 수확량을 높인다.

▶**사용방법**

밀짚을 넣어 만든 10배의 추출물을 곡류 작물과 채소 작물, 과일나무에 뿌리면 해충을 막을 수 있으며 감자, 토마토, 양배추, 오이와 같은 채소에 생기는 뿌리썩음병, 줄기썩음병, 모마름병의 피해를 막을 수 있다.

밀짚을 넣어 50~60배로 우려낸 추출물을 씨앗에 처리하면 발아가 빨라지고, 모판과 본답에 뿌리면 농작물의 생장을 조절해준다.
벼와 옥수수 씨앗은 20~25도에서 24시간 처리하며, 채소 씨앗과 모는 0.001~0.01퍼센트 농도로 처리한다.

### 보릿짚 추출물

보리는 볏과에 속하는 한해살이 곡류 작물이다. 식물성 농약 원료는 보리를 탈곡한 뒤 짚을 모아 햇빛에 말려 쓴다.

▶ 성분과 작용

보릿짚 추출물에 들어 있는 벤질알코올은 100ppm에서 해충과 진딧물이 퍼지는 것을 막으며, 호르데인과 글라민은 타감작용을 하는 물질로 벌레의 산란과 메뚜기의 섭식활동을 떨어뜨린다. 글라민은 10ppm에서 피뿌리풀의 생장을 80퍼센트 억제하며 논밭의 잡초를 없앤다.

보릿짚은 볏짚과 비슷한 작용을 한다. 호르다틴 A·B는 항미생물작용을, 벤질알코올은 진딧물에 대한 저항작용을, 키티나아제는 벌레의 세포막과 겉껍질을 분해해 죽이는 작용을 한다.

엿기름에는 각종 병해충 구제 유효 성분, 생장조절물질, 각종 효소와 비타민, 아미노산 따위가 풍부하므로 농약의 원료로 매우 유용하다. 그러므로 식물성 농약에 엿기름을 배합하면 농약효과가 더 좋아진다.

▶**사용방법**

보릿짚 추출물은 볏짚 추출물과 같은 방법으로 쓴다. 보릿짚 추출물을 감자와 채소밭에 뿌리면 감자와 채소의 줄기썩음병, 뿌리썩음병, 모마름병을 막을 수 있다. 그리고 토마토를 비롯한 모를 길러 심는 채소 작물밭에 앞그루로 보리를 심으면 토양 선충의 피해를 줄이고 작물의 수확을 높일 수 있다.

### 귀릿짚 추출물

귀리는 볏과에 속하는 한해살이 곡류 작물이다. 귀리를 턴 짚을 모아 말려 식물성 농약 원료로 쓴다.

▶**성분과 작용**

귀릿짚에는 여러 가지 영양물질과 비타민, 쿠마린이 들어 있다. 귀릿짚의 유효 성분은 쿠마린 성분인 스코폴레틴이다. 스코폴레틴은 $10^{-1} \sim 10^{-4}$mol/L 농도에서 십자화과의 잡초를 비롯한 잡초의 성장을 억제한다. 이 밖에도 귀릿짚 추출물은 살충·살균 작용을 한다. 진딧물, 사과응애, 십자화과 채소의 뿌리혹병, 감자·토마토 갈색점무늿병, 파·목화의 잎반점병, 감·귤류의 검은썩음병, 감자·채소 줄기썩음병 및 뿌리썩음병을 막는 데 효과가 있다.

무나 채소의 앞그루로 심으면 선충의 피해를 막을 수 있다.

▶사용방법

귀릿짚을 넣고 10~20배로 우려낸 추출물에 비눗물을 0.4퍼센트 섞어 쓴다.

### 메밀짚 추출물

메밀은 마디풀과에 속하는 한해살이 곡류 작물이다. 식물성 농약 원료는 꽃이 피기 시작할 때 베어 말리거나 메밀을 수확하고 남은 짚을 말려 쓴다.

▶성분과 작용

메밀짚에 들어 있는 방향족 카복실산은 병해충을 막는 작용을 하며, 루틴은 해충에 대한 섭식활동을 방해하고 지베렐린 생합성 억제와 생장조절작용을 더 좋게 한다. 또한 파고피린은 집짐승의 피부병을 일으키는 성분으로 쥐가 먹으면 설사를 하거나 피부가 붉어지며 털이 곤두서고 심한 중독을 일으키며 죽는다. 그 밖에 곡류 작물과 채소, 과일나무에 생기는 해충을 막는 데 쓴다.

▶사용방법

메밀짚은 10배로 만든 추출물을 쓰거나 메밀을 직접 심어서 쓸 수 있다. 예를 들어 메밀을 무밭에 섞어 심으면 노린재와 진딧물의 피해를 막을 수 있고, 밭에 사이짓기하면 쥐를 쫓는다. 메밀과 겨자류를 함께 심으면 효과가 더 좋아진다.

메밀에서 추출한 루틴은 2,000~3,000배의 물에 희석해 씨앗을 처리하거나 생육기에 처리하면 광합성을 촉진하고, 식물 호르몬과 산화효소의 활성을 억제하며, 생장을 촉진하고 수확량을 높인다.

### 콩짚 추출물

콩은 콩과에 속하는 한해살이 곡류 작물이다. 식물성 농약 원료는 콩을 수확한 뒤 줄기와 잎을 모아 말려 쓴다. 또는 줄기째 베어 단으로 묶어서 말려 콩을 턴 다음 짚을 쓰기도 한다.

▶성분과 작용

콩에는 단백질, 지방, 사포닌, 당질, 펙틴, 인지질(레시틴, 케팔린)과 같은 물질이 들어 있다. 싹을 틔운 씨앗에는 비타민 C와 아스파트산이 많고, 잎에는 엽산, 리보플래빈(비타민 $B_2$), 비타민 A, 카로틴, 살리실산이 들어 있다. 콩 껍질에는 크리산테민, 펙틴, 레불린산, 다당류가 들어 있다.

레시틴은 지방질, 스테로이드를 유화시키며, 레시틴이 분해되어 생기는 콜린, 글리세로인산, 지방산도 농약의 주요 활성 성분이다. 레시틴은 기름 찌꺼기에도 많다. 레시틴은 도열병균과 채소 흰가룻병을 억제하는 작용을 한다.

트립신 억제제는 진딧물을 비롯한 해충과 병원균 몸속에 단백을 부족하게 하는 작용을 하여 병원균과 해충을 죽인다. 효소 키타나아제는 해충과 병원균의 껍질과 세포벽을 분해시켜 미생물과 해충을 죽인다. 다이드제인은 항미생물작용, 제니스테인은 피토알렉신 작용, 트랜스-아코니트산은 해충의 섭식활동을 방해하는 작용을 한다. 콩단백질 분해물은 해충 유인작용을 한다.

▶ **사용방법**

콩짚을 넣고 10배로 우려낸 추출물은 벼과 작물의 선충과 감자 더뎅이병을 퇴치하는 데 쓴다.

**강낭콩짚 추출물**

강낭콩은 콩과에 속하는 한해살이 작물이다. 강낭콩짚과 콩깍지를 모아 햇빛에 말려 식물성 농약 원료로 쓴다.

▶ **성분과 작용**

강낭콩짚에는 조단백질, 조지방, 조섬유, 무질소 추출물, 조회분, 칼슘, 인이 들어 있고, 강낭콩 깍지에는 조단백질, 조지방, 조섬유, 무질소 추출물이 들어 있다. 그리고 강낭콩짚에 들어 있는 타닌은 뿌리혹선충에 대해 살충작용을 하며 파세올린, 키에비톤, 쿠메스트롤은 해로운 미생물의 활성을 막는 작용을 한다. 예를 들어 진딧물과 배추흰나비를 잡거나 감자바이러스병, 복숭아열매썩음병, 온실작물 뿌리오배자선충병을 막는 데 효과가 있다.

▶**사용방법**

벌레가 생기면 강낭콩짚을 넣고 20배로 우려낸 추출물에 비누를 0.4퍼센트 섞어 뿌린다.

**감자의 잎과 줄기 추출물**

감자는 가짓과에 속하는 한해살이 작물이다. 감자의 잎과 줄기를 모아 즙을 내어 쓰거나 말려서 식물성 농약 원료로 쓴다.

▶**성분과 작용**

감자의 잎과 줄기에는 고분자 유기물과 솔라닌 따위의 여러 가지 성분이 들어 있다. 그 가운데 대표적인 유효 성분은 글리코알칼로이드 성분인 솔라닌이다. 6개의 유도체가 있는 일반적인 솔라닌은 $\alpha$-솔라닌을 말하며, 이 밖에도 $\beta$-차코닌, $\gamma$-차코닌 따위가 있다. 솔라닌은 0.05~0.1퍼센트에서 해충의 섭식활동을 방해하며, 항미생물작용과 지베렐린 생합성 억제작용을 한다.

감자의 잎과 줄기 추출물은 병해충을 막는 작용과 농작물의 생장자극작용을 한다.

▶**만드는 방법**

생잎과 줄기 또는 마른 잎과 줄기에 5배의 뜨거운 물을 붓고 3~4시간 추출한 다음 짜서 추출물을 만든다. 쓸 때 해당하는 배수의 물에 풀고 여기에 비눗물을 0.4퍼센트 섞어 쓴다.

▶ **사용방법**

감자의 잎과 줄기 추출물은 사과진딧물(폐유-비누 에멀션을 0.3퍼센트 섞으면 효과가 높아진다), 양배추가루진딧물, 배추흰나비, 오이진딧물을 잡는 데 효과가 있다.

해충이 생기면 감자의 잎과 생줄기를 넣고 10배로 우려낸 추출물을 정보당 500~1,000리터 뿌린다. 사과응애, 배추흰나비, 밤나방, 벼잎반점병, 사과검은별무늿병, 감자역병, 감자바이러스가 생겼을 때는 감자의 잎과 생줄기를 넣고 5배로 우려낸 추출물 또는 마른 줄기를 넣고 10배로 우려낸 추출물을 뿌려준다.

굼벵이와 바구미가 생겼을 때는 감자의 잎과 생줄기를 넣고 2배로 우려낸 추출물을 땅에 주고 묻어주면 해충을 잡는 효과가 높아진다.

양배추밭에 감자를 사이짓기 또는 돌려짓기하면 배추흰나비의 피해를 막을 수 있다.

### 고구마줄기 추출물

고구마는 메꽃과에 속하는 저류 작물이다. 고구마를 수확한 뒤 덩굴을 거두어 말려 식물성 농약 원료로 쓴다.

▶ **성분과 작용**

고구마줄기 추출물의 기본 활성 성분은 이포메아마론, 이포메아닌, 바타트산, 푸린-베타-카복실산이다. 고구마줄기에 들어 있는 허물벗기 호르몬은 해충의 생장을 억제하며 이포메아마론, 이포메아닌과 같은 물질은 감자검은별무늿병의 성장을 억제한다. 또한 고구마줄기에 들어 있는 고분자 유기물과 비타민은 생장 자극작용을 한다.

▶ **사용방법**

고구마줄기를 50배로 우려낸 추출물을 씨앗에 처리한다. 고구마줄기 추출물에 비눗물이나 광물유-비누 에멀션을 0.1~0.4퍼센트 섞어 뿌리면 감자검은별무늿병, 진딧물, 배추흰나비, 선충을 비롯한 여러 가지 해충을 잡을 수 있다.

## 채소 작물로 만든 식물성 농약

### 양배추 추출물

양배추는 십자화과에 속하는 한해살이 채소 작물이다. 식물성 농약을 만들 때는 비교적 깨끗한 떡잎을 모아서 쓴다.

▶ **성분과 작용**

양배추에는 아스코르비나아제, 페록시다아제, 헤미셀룰라아제, 수크라아제와 같은 효소와 트립토판, 라이신, 메티오닌, 티로신, 히스티딘과 같은 16가지 아미노산이 들어 있다. 또한 비타민과 고분자 유기물질, 당질, 그리고 여러 가지 영양원소도 많이 들어 있다.

양배추 추출물에 들어 있는 단백 분해효소는 해충의 성장을 억제하고, 미생물과 바이러스 침입을 막는 작용을 한다. 또한 여러 가지 영양 성분도 풍부해 농작물의 생장조절작용 효과가 높다. 파 흑색썩음균핵병, 벼뿌리썩음병, 담배모자이크바이러스병 예방은 물론 배추밤나방, 배추흰나비를 잡는 데도 효과가 있다.

▶사용방법

농작물에 병이 생기면 약을 뿌리기 직전에 양배추 생즙을 10~100배의 물에 타서 잎에 뿌린다.

### 시금치 추출물

시금치는 명아줏과에 속하는 두해살이 채소 작물이다. 시금치를 수확한 뒤 부산물을 모아 말려 식물성 농약 원료로 쓴다.

▶성분과 작용

시금치에는 지방질, 단백질, 회분, 수분, 당질, 스테롤, 카로티노이드, 플라보노이드, 비타민, 유기산(세로틴산, 옥살산, 시트르산), 사포닌과 같은 성분이 들어 있다. 시금치에 들어 있는 사포닌이 항미생물 활성을 나타낸다.

▶사용방법

시금치를 넣고 10배로 우려낸 추출물은 오이모자이크병, 감자

고리무늬얼룩점 바이러스, 모자이크병, 담배모자이크병을 예방하는 데 효과가 있다.

### 상추 추출물

상추는 국화과에 속하는 한해살이 또는 두해살이 채소 작물이다. 상추를 뿌리째 뽑아 말려 식물성 농약 원료로 쓴다.

▶ **성분과 작용**

상추에는 수분 94.3퍼센트, 함질소화합물 1.4퍼센트, 비타민 A·B·C·D·E, 당분이 들어 있다.

▶ **사용방법**

온실에서 토양 선충의 피해를 막는 데 쓴다. 상추를 선충의 유인물로 심으면 선충을 절반 정도 줄이고 감염률을 낮춘다. 온실에서 상추를 심어 선충을 유인해 잡는 방법은 증기 처리나 화학 농약 처리방법에 비해 효과가 높고 원가도 3분의 1 정도로 적게 든다. 또 토양의 지력을 높여 채소류의 수확량을 높인다.

상추를 넣고 50~100배로 우려낸 추출물을 토마토밭에 뿌리면 토마토썩음병을 일으키는 푸사륨균을 억제한다.

### 미나리 추출물

미나리는 산형과에 속하는 여러해살이 채소 작물이다. 여름철에 미나리를 베서 생으로 쓰거나 햇빛에 말려 식물성 농약 원료로 쓴다.

▶ **성분과 작용**

미나리에는 콜린, 레시틴, 방향족 카복실산, 아미노산, 플라보노이드(페르시카린), $\beta$-시토스테롤, 정유, 무기원소가 들어 있다. 콜린과 레시틴, 방향족 카복실산, 아미노산 성분은 병해충을 몰아내고 성장을 자극하는 작용을 한다. 메티오닌은 냉해와 바람피해에 견디는 힘을 강하게 하는 작용을 하며, 감자를 비롯한 열매를 크게 하는 작용과 도열병에 대한 저항성을 높이는 작용도 한다.

또한 산형과 식물에 널리 들어 있는 정유 성분은 가루진딧물, 진딧물, 거세미나방을 죽이는 작용과 거세미나방 유충을 쫓는 작용을 한다. 또한 성충의 산란 기능을 억제시키는 작용도 한다.

▶ **사용방법**

미나리를 넣고 10~20배로 우려낸 추출물을 뿌리면 진딧물의 피해를 막을 수 있다. 미나리를 넣고 30배로 우려낸 추출물로 씨앗 처리를 하면 생장자극효과를 나타낸다.

### 갓 추출물

갓은 십자화과에 속하는 한해살이 채소 작물이다. 햇빛에 말린

갓잎을 모아 식물성 농약 원료로 쓴다.

▶성분

갓잎에는 지방, 비타민 C, 카로틴, 칼슘이 들어 있으며, 씨에는 개자유 20~30퍼센트가 들어 있다. 갓의 기본 유효 성분은 개자유에 있는 시니그린이다.

▶사용방법

갓 추출물은 배추흰나비, 수수실깜부기병을 막는 데 효과가 있다. 채소밭에 갓을 돌려짓기 작물로 심으면 채소 해충을 막을 수 있다. 생갓을 놓아두면 쥐를 쫓는 효과가 있다.

병이 생기면 갓을 넣고 10배로 우려낸 추출물에 비눗물을 0.4퍼센트 섞어 뿌린다.

### 무잎 추출물

무는 십자화과에 속하는 한해살이, 두해살이 채소 작물이다. 무를 수확한 뒤 잎을 모아 식물성 농약 원료로 쓴다.

▶성분과 작용

무잎에 들어 있는 함유황화합물, 메틸메르캅탄, 개자유 배당체가 병해충을 막는 작용을 한다. 무잎에 있는 라파누신은 농작물 안에서 강한 생장자극작용을 한다. 옥신으로 인해 생기는 이 성분은 십자화과 식물에 들어 있다.

▶**사용방법**

무잎의 즙을 짜서 씨앗에 묻혀주면 여러 가지 병을 막을 수 있다. 파흑색썩음균핵병과 벼뿌리썩음병, 토마토썩음병을 막는 데 효과가 있다. 야생무 즙은 볏과 갈색무늿병, 채소뿌리혹선충병에 효과가 있으며, 사과검은별무늿병도 막을 수 있다.

### 파 추출물

파는 백합과에 속하는 여러해살이 채소 작물이다. 식물성 농약 원료는 봄, 가을에 꽃이 피지 않은 파를 뿌리째 캐서 쓰거나 파의 부산물과 꽃대를 쓴다.

▶**성분과 작용**

파에는 정유(프로필메르캅탄, 프로필알릴디이설파이드), 비타민(카로틴), 피틴, 당질, 단백질, 지방질, 무기물, 섬유소 같은 물질이 들어 있다.

상처가 난 파는 효소 알리나아제에 의해 정유 성분인 티오설파이드 화합물을 만들어낸다. 이것은 5,000~50,000배 농도에서 푸사륨균을 비롯한 병원성 미생물을 억제하는 작용을 한다.

파 추출물은 병해충를 잡는 작용과 병원 미생물에 대한 강한 항생작용을 한다. 그리고 파를 가지·토마토·수박·딸기 밭에 사이 짓기하면 풋마름병, 노균병, 시듦병을 막을 수 있다. 당근밭에 파를 나란히 심으면 해충을 쫓으며, 온실에서 생활주기가 짧은 채소류 사이에 심으면 토양 선충을 유인해 막는다.

▶ **사용방법**

파에 3배의 물을 넣고 찧어서 우려낸 추출물은 채소밭에서 해충을 잡을 때 쓴다. 오이진딧물, 배추흰나비, 당근파리, 땅파리, 양배추파리, 나비류, 바구미류, 선충을 잡는 데 쓴다.

파에 4분의 1 정도 물을 넣고 찧어 우려낸 추출물에 5배의 물을 부어 만든 약물은 병원균을 잡는 데 쓴다. 이 약물은 감자역병, 볏과 깜부기병, 과일나무뿌리혹병, 강낭콩시듦병, 토마토속썩음병, 토마토부란병, 강낭콩반점병, 십자화과 검은녹병, 파검은곰팡이병, 파썩음병, 벼잎반점병, 보리잎줄기무늿병, 양배추세균병, 오이노균병, 강낭콩탄저병에 효과가 있다.

파에 50배의 뜨거운 물을 넣고 30분 동안 우려낸 추출물에 다시 2배의 물을 붓고 비누를 0.25퍼센트 정도 넣어 풀어서 밭에 뿌리면 채소의 여러 가지 병과 박과류의 흰가룻병, 잿빛곰팡이병, 수수실깜부기병, 옥수수뿌리썩음병에 효과가 있다. 또한 씨앗 처리에도 효과가 있는데, 특히 다른 씨앗 처리액에 파 추출물을 섞으면 효과가 더 좋아진다.

꽃대를 넣고 50배로 우려낸 추출물을 밭에 뿌리면 진딧물은 물론 다양한 해충과 역병을 비롯한 여러 가지 병을 막을 수 있다. 같은 양의 생파와 마늘을 뜨거운 물에 30분 우려 추출한 100배 추출물에 비눗물을 0.4퍼센트 섞어 밭에 뿌리면 채소의 병해충과 담배모자이크병을 막을 수 있다.

### 양파 추출물

양파는 백합과에 속하는 여러해살이 채소 작물이다. 비늘줄기째 캔 양파를 식물성 농약 원료로 쓴다.

▶ **성분과 작용**

양파에 들어 있는 정유인 다이설파이드 성분과 유기산, 방향족 산들이 병해충을 막는 작용과 생장자극작용을 한다.

▶ **사용방법**

일반적으로 병이 생기면 양파를 넣고 30배로 우려낸 추출물을 뿌려준다. 그러나 진딧물과 사과응애, 밀줄기녹병을 막으려면 양파의 비늘줄기를 넣고 5~10배로 우려낸 추출물을 밭에 뿌린다.

그 밖에 오이노균병과 수수실깜부기병을 막는 데 효과가 있으며, 가지·토마토·수박·딸기 밭에 양파를 사이짓기하면 풋마름병, 마름병, 노균병, 시듦병을 막을 수 있다.

### 고추냉이 추출물

고추냉이는 십자화과에 속하는 여러해살이 식물이다. 가을에 뿌리를 캐서 보관해두었다가 식물성 농약 원료로 쓴다.

▶**성분**

식물에 들어 있는 배당체가 기본 유효 성분이다.

▶**사용방법**

고추냉이를 넣고 20배로 우려낸 추출물은 유충을 잡는 데 효과가 있다. 그리고 사과를 비롯한 과일을 보관할 때 고추냉이를 함께 넣어두면 심식나방류가 기어 나와 죽는다. 과일의 색도 6개월 동안 변하지 않고 그대로 유지되며 해충의 피해를 막아준다.

### 오이덩굴 추출물

오이는 박과에 속하는 한해살이 채소 작물이다. 식물성 농약 원료로 수확할 때 오이덩굴을 거두어 모아 햇빛에 말려 쓰거나 생으로 즙을 짜서 쓸 수도 있다.

▶**성분과 작용**

오이덩굴 추출물에 들어 있는 쿠쿠르비타신 성분은 해충의 섭식활동을 떨어뜨리고 산란을 낮추며, 바이러스의 활성 억제작용을 한다.

▶**사용방법**

오이덩굴에 약간의 물을 넣고 찧어 즙을 낸 다음 뿌리기 전에 3~5배의 물에 타서 쓴다. 배추흰나비, 배추좀나방, 배추벼룩잎벌레, 오이류의 모자이크병, 토마토모자이크병, 토마토시듦병을 막는 데 효과가 있다.

> **호박덩굴 추출물**

호박은 박과에 속하는 한해살이 채소 작물이다. 씨, 열매, 잎, 줄기를 식물성 농약 원료로 쓴다. 씨는 모아 햇빛에 말리고, 열매는 익은 열매를 따서 보관한다. 잎, 줄기(덩굴)는 가을걷이할 때 모아 햇빛에 말리거나 그대로 쓴다.

▶**성분과 작용**

씨에 아미노산인 쿠쿠르비틴(주로 씨껍질에 있다)과 라이신, 비타민($A, B_1, B_2, C, E$, 카테킨), 효소(우레아제), 기름, $\gamma$-오리자놀, 제아틴이 들어 있다. 과육에는 카로틴, 아데닌, 아스파라진, 트리고넬린, 피토스테롤, 단백질, 지방, 당질(포도당, 펜토산, 만니톨) 따위가 들어 있다. 그리고 호박덩굴(잎, 줄기)에는 수분, 조단백질, 조지방, 조섬유, 무질소 추출물, 조회분, 카로틴 따위가 들어 있다.

호박덩굴 추출물에서 살충작용을 하는 성분은 아미노산인 쿠쿠르비틴이며, 생장자극작용을 하는 성분은 제아틴, 아데닌, 아미노산, 비타민 영양물질이다.

▶**사용방법**

호박덩굴(생것)에 약간의 물을 넣고 찧은 다음 즙을 짜낸다. 약을 뿌리기 전에 짜낸 즙에 3배의 물을 붓고 여기에 비눗물을 0.4

퍼센트 섞어 진딧물에 뿌리면 효과가 좋다. 토마토를 비롯해 모를 길러 심는 채소 작물밭에 앞그루로 호박을 심으면 채소 작물에 대한 선충의 피해를 줄이고 수확을 높일 수 있다. 그리고 호박 열매 전체를 씻어 씨째 찧어 짜낸 즙을 다른 식물성 농약에 섞어 뿌리면 농작물의 생장조절작용이 강해져 농작물이 잘 자란다.

### 토마토의 잎과 줄기 추출물

토마토는 가짓과에 속하는 한해살이 채소 작물이다. 토마토를 수확할 때 잎과 줄기를 모아 말려 식물성 농약 원료로 쓴다. 특히 익지 않은 열매나 가지치기를 한 곁가지와 뿌리까지도 쓸 수 있다.

▶ **성분과 작용**

토마토의 잎, 줄기, 열매, 뿌리에는 여러 가지 알칼로이드 성분과 고분자 유기물질, 영양원소가 들어 있다. 잎과 줄기에는 알칼로이드 고분자 유기물인 토마틴, 토마티딘, 조단백질, 조지방, 조섬유, 무질소 추출물이 들어 있고, 열매에는 토마틴, 토마티딘, 단백질, 지방질, 당질, 다당류, 단당, 이당류, 유기산(시트르산, 말산, 옥살산, 타타르산), 지방산(팔미틴산, 스테아린산, 리놀렌산), 페놀카본산($p$-쿠마르산, 카페산, 페롤라산), 안토시안(페투니딘), 스테롤(스티그마스테롤, $\beta$-시토스테롤), 사포닌($\alpha$-아미린, $\beta$-아미린), 비타민 따위가 들어 있다.

토마토의 잎과 줄기 추출물에 들어 있는 기본 유효 성분은 토마틴이다. 이것은 잎벌레의 섭식활동을 떨어뜨리며, 푸사륨균을 비롯한 병원성 미생물에 대해 항균·항진균 작용을 한다. 리시틴은 감자역병균에 대해 억제작용이 있다. 열매에는 여러 가지 비타민을 비롯한 영양물질이 풍부해 농약의 효능을 높이는 작용을 한다. 채소밭에 토마토를 사이짓기, 돌려짓기하면 풍뎅이에 의한 피해를 막을 수 있다.

▶ **사용방법**

진딧물, 유채꽃바구미의 유충을 잡는 데 효과가 있다. 해충이 생기면 익지 않은 열매나 뿌리를 찧어 10배의 물을 넣어 추출한 다음 비눗물을 0.4퍼센트 섞어 뿌리면 효과가 있다.

토마토의 잎과 뿌리를 넣고 10배로 우려낸 추출물을 밭에 뿌리면 풀의 성장이 억제된다. 토마토의 잎과 줄기 추출물로 진딧물, 배추흰나비 애벌레, 흑명나방, 벼물바구미를 잡기 위해서는 정보당 말린 것으로 15~20킬로그램을 쓴다.

토마토의 잎과 줄기를 넣고 20배로 우려낸 추출물은 방울벌레, 딱정벌레, 검거세미밤나방, 사탕무 해충을 잡는 데 효과가 있다. 콩진딧물, 배추흰나비 애벌레, 오이진딧물, 사과심식나방류를 잡기 위해서는 토마토의 잎과 줄기를 넣고 5배로 우려낸 추출물에 비눗물을 0.4퍼센트 섞어 뿌린다.

오이노균병, 감자역병, 감자바이러스병, 토마토마름병, 볏잎반점병, 보릿잎반점병, 사과혹병을 막기 위해서는 토마토의 잎과 줄기를 넣고 30배로 우려낸 추출물을 뿌리는 것이 좋다.

### 고추 추출물

고추는 가짓과에 속하는 한해살이 채소 작물이다. 붉은 고추와 잎을 식물성 농약 원료로 쓴다.

▶ **성분과 작용**

매운맛 성분과 알칼로이드, 유기산이 유효 성분이다. 고추에 들어 있는 타타르산, 시트르산, 말산 따위는 해충의 피부 점막을 자극하는 작용과 생장조절작용을 한다.

▶ **만드는 방법**

반씩 자른 생고추 1킬로그램(또는 마른 고추 0.5킬로그램)에 물 10리터를 넣고 이틀 동안 추출한다. 추출물을 원액으로 하여 뚜껑을 꼭 막아 그늘지고 서늘한 곳에 보관해두고 쓴다. 고춧잎 추출물은 고춧잎에 적은 양의 물을 넣어 만든다.

▶ **사용방법**

벼멸구, 흑명나방 따위를 막기 위해 고추를 넣고 60배로 우려낸 추출물을 뿌리고, 과일나무에 생기는 병해충을 막기 위해 고추 추출물 0.5리터에 물 10리터를 섞은 다음 비누 40그램을 넣고 뿌린다. 싹이 새로 돋은 지 10~15일 지난 과일나무에는 고추 추출물

0.1리터에 물 10리터를 넣고 비누를 풀어 뿌린다.

담배모자이크병, 감자바이러스병을 막기 위해 고추를 넣고 20~50배로 우려낸 추출물을 담배와 감자에 뿌리면 해충과 바이러스병을 막을 수 있다. 또 고춧잎을 넣고 5~10배로 우려낸 추출물은 진딧물을 비롯한 해충을 잡는 데 효과가 있다.

옥수수밭에 고추를 사이짓기하면 조명나방을 쫓고 섭식활동을 떨어뜨린다. 고추를 배추와 양배추 밭에 사이짓기하면 진딧물과 배추흰나비 애벌레의 피해를 막을 수 있다.

### 가지의 잎과 줄기 추출물

가지는 가짓과에 속하는 한해살이 채소 작물이다. 가지를 수확한 뒤 잎과 줄기를 모아 햇빛에 말려두었다가 식물성 농약 원료로 쓴다.

▶ **성분**

가지에 들어 있는 유효 성분은 솔라닌, 트리고넬린, 콜린, 아데닌, 핵산, 아미노산, 카페인산이다. 그러나 가지의 잎과 줄기에는 원소인 조회분과 고분자 유기물인 조단백질, 조지방질, 조섬유, 무질소 추출물 및 기타 성분인 리보핵산(RNA), 데옥시리보핵산(DNA)이 많이 들어 있으며 솔라닌, 트리고넬린, 아데닌, 카페인산, 아르기닌글루코시드와 같은 성분도 들어 있다.

▶만드는 방법

가지를 찧어 얻은 즙을 물에 풀어서 추출물을 만들거나 가지를 찧어 얻은 즙에 3~4배의 물을 넣고 3~4시간 놓아두었다가 3시간 동안 끓인 뒤 걸러서 만든다. 이렇게 만든 추출물은 수지 그릇에 담고 뚜껑을 꼭 막아 어둡고 서늘한 곳에 놓아두면 몇 달 동안 쓸 수 있다.

▶사용방법

가지의 잎과 줄기 추출물은 목화진딧물, 양배추가루진딧물, 배추흰나비를 잡는 데 효과가 있다. 해충이 생기면 가지의 잎과 줄기 즙에 물을 6~10배 타서 뿌린다. 갉아 먹는 해충이 생겼을 때는 가지의 잎과 줄기를 넣고 3~4배로 우려낸 추출물에 2배의 물을 타서 뿌린다. 오이노균병이 생겼을 때는 가지의 잎과 줄기를 넣고 30배로 우려낸 추출물을 뿌린다.

가지 잎 추출물로 진딧물, 이화명나방, 배추흰나비 애벌레, 흑명나방, 벼물바구미와 여러 가지 병을 막으려면 가지의 잎과 줄기가 정보당 15~20킬로그램(말린 것)이 필요하다.

**공예 작물로 만든 식물성 농약**

**담뱃대 추출물**

담배는 가짓과에 속하는 한해살이 공예 작물이다. 잎을 다 딴 다음 담뱃대를 햇빛에 말려 식물성 농약 원료로 쓴다.

▶ **성분과 작용**

담뱃대 추출물의 병해충에 대한 기본 활성 성분은 니코틴을 비롯한 알칼로이드 성분이다. 니코틴은 병해충의 피부나 호흡기관을 통해 몸속에 들어가 해충의 신경을 마비시켜 죽인다. 담뱃대에는 니코틴이 0.1~6.35퍼센트 들어 있으며, 품종에 따라 10퍼센트 정도 들어 있는 것도 있다. 니코틴의 양이 많을 때에는 니코틴성 아세틸콜린 수용체에 대한 길항작용(상반되는 두 가지 요인이 동시에 작용하여 그 효과를 서로 상쇄시키는 작용)으로 해충을 직접 죽이며, 양이 적을 때에는 잎에 흡수되어 해충의 섭식활동을 떨어뜨려 천천히 죽게 한다.

담뱃대 추출물에 들어 있는 수크로스 에스테르라는 활성 성분은 응애, 진딧물, 흰파리, 흰파리 유충, 나무이, 깍지벌레, 총채벌레에 효과가 있으며 성충을 죽인다. 특히 성충의 산란과 번데기가 성충이 되는 과정을 강하게 억제하고 섭식활동을 매우 떨어뜨리는 등 농작물이 해충의 피해를 받지 않게 한다.

담뱃대 추출물에는 높은 말산과 석신산을 비롯한 유기산이 들어 있으며, 칼륨 성분이 풍부해 비료효과를 확실히 나타낸다.

▶ **사용방법**

담뱃대 추출물은 농작물이 자라는 생육 기간에 쓸 수 있다. 정온동물에는 전혀 독성이 없어 안전하고 환경을 오염시키지 않으며, 농작물의 생장을 조절하는 효과가 있다.

담뱃대를 넣고 20~40배로 우려낸 추출물에 비눗물을 0.4퍼센트 섞어 뿌리면 진딧물, 애벼물명나방, 멸구류, 배추흰나비 애벌레류, 감자 28점박이무당벌레, 사과속벌레, 나무이, 총채벌레, 이화명나방, 양배추좀벌레, 잎말이벌레, 벼룩잎벌레, 응애, 사과응애, 심식나방, 날개미, 애기배추나비, 벼물바구미, 무잎벌, 벚나무잎벌을 막는 데 효과가 있다. 벼물바구미를 잡기 위해서는 담뱃대 추출물을 정보당 300리터 정도 뿌려준다.

자료에 따르면 시페르메트린보다는 벼물바구미를 잡는 비율이 낮지만 88.2퍼센트의 높은 약효가 있고 화학 농약처럼 해충의 저항성이 생기지 않아 좋다. 담뱃대 추출물을 정보당 300리터 뿌리고 나서 하루 뒤 성충은 88.2퍼센트 죽었고, 한 달 뒤 유충은 86.5퍼센트 죽었다. 담뱃대 추출물의 약효는 3~4일간으로 시페르메트린보다 짧았다(담뱃대 추출물을 뿌리기 전에 10포기에 벼물바구미가 46마리 있었는데, 약을 뿌린 하루 뒤에는 9마리, 이틀 뒤에는 7마리가 살아남았다).

담뱃대 추출물은 온도가 높은 따뜻한 날에 뿌리면 효과가 더 좋다. 온도가 높아지면 벼물바구미의 호흡이 빨라지고 숨구멍이 열리는 것과 관계있고, 벼물바구미가 볏잎을 따라 올라와 해를 주므로 약이 해충의 몸에 잘 묻기 때문이다. 약을 뿌릴 때는 물을 얕게

대야 효과가 더 좋다.

  담뱃대 추출물로 벼물바구미를 더 많이 잡으려면 담뱃대 추출물에 비눗물을 섞어 뿌리는 것이 좋다. 비눗물을 섞으면 니코틴 성분이 해충의 몸에 더 잘 스며들기 때문이다. 담뱃대 추출물의 점착성과 유화성을 좋게 하기 위해 폐유를 첨가하는 것이 좋다.

  사과속벌레를 잡기 위해 담배를 60배로 우려낸 추출물을 뿌린다. 집짐승의 해충이나 밀녹병, 오이노균병, 담배모자이크바이러스병을 막기 위해 담뱃대를 20배로 우려낸 추출물을 뿌린다. 담배즙을 2~3배의 물에 섞어 뿌리면 진딧물을 잡을 수 있고, 담뱃가루를 뿌리면 톡토기, 잎벌레, 벼멸구를 막을 수 있다.

  알곡 위에 깨끗한 종이를 깔고 그 위에 마른 잎담배를 덮은 다음 뚜껑을 닫고 밀봉하면 어리쌀바구미를 막을 수 있다. 담배꽁초 추출물을 뿌려주면 땅누에, 진딧물, 사과응애, 조명나방을 막거나 죽일 수 있다.

  담뱃대와 멀구슬나무 열매를 같은 비율로 섞고 여기에 3배의 물을 타서 끓인 뒤 거른다. 가루진딧물, 사과응애가 생기면 원액에 10배의 물을 타서 뿌린다.

  담뱃대와 여로를 5대 1로 섞고 여기에 5배의 물을 타서 추출한다. 해충이 생겼을 때 원액에 50배의 물을 희석해서 뿌리면 가루진딧물, 사과응애를 잡는 데 효과가 있다.

  담뱃대와 바꽃을 같은 양으로 섞고 여기에 5배의 물을 타서 우려 추출물을 만든다. 가루진딧물, 사과응애가 생겼을 때 원액에 3배의 물을 타서 뿌려준다.

담뱃대와 창포, 천남성을 각각 같은 양으로 섞고 여기에 3배의 물을 타서 우려내 추출물을 만든다. 진딧물이나 배추흰나비 애벌레가 생기면 원액에 10배의 물을 희석해서 뿌린다.

담뱃대와 너삼을 같은 양으로 섞고 여기에 5배의 물을 타서 우려낸 추출물은 가루진딧물, 사과응애를 퇴치하는 데 효과가 있다. 해충이 생기면 원액에 10배의 물을 타서 뿌려준다.

담뱃대와 파부초를 3대 1로 섞고 여기에 5배의 물을 타서 추출물을 만든다. 이 추출물은 가루진딧물, 사과응애를 잡는 데 효과가 있다. 해충이 생기면 원액에 10배의 물을 타서 뿌려준다.

담뱃대, 반하, 바꽃, 멀구슬나무 열매를 40퍼센트, 20퍼센트, 20퍼센트, 20퍼센트 비율로 섞는다. 먼저 반하에 4배의 물을 넣고 추출물을 만든다. 나머지 원료는 모두 섞어 4배의 추출물을 만든다. 그런 다음 먼저 만들어놓았던 반하 추출물과 섞는다. 이 추출물은 가루진딧물, 사과응애를 잡는 데 효과가 있다.

### 박하 찌꺼기 추출물

박하는 꿀풀과에 속하는 여러해살이 공예 작물이다. 줄기를 벤 뒤 박하유를 뽑고 찌꺼기를 그늘에 말려 식물성 농약 원료로 쓴다.

▶성분과 작용

박하에 들어 있는 정유와 멘톨이 기본 유효 성분이다. 이 멘톨이 병해충을 막는 작용을 하며, 벌레를 죽이거나 쫓는 작용을 한다. 또한 집짐승의 기생충을 없애거나 병을 막는 작용을 한다.

▶사용방법

박하 잎에 적은 양의 물을 넣고 찧어서 즙을 만든다. 약 뿌리기 전에 7~8배의 물에 풀고 여기에 비눗물을 0.1퍼센트 섞어서 쓴다.

박하 찌꺼기 추출물에 1퍼센트 정도의 멘톨을 섞어 뿌리면 병해충의 피해를 막는 효과가 높아진다. 진딧물, 파리, 나방류, 바구미류를 비롯한 해충과 푸사륨균, 곰팡이균으로 인한 농작물의 병, 감자와 토마토의 밤색반점병, 상추잿빛곰팡이병, 곡류 작물의 잎반점병, 십자화과 검은곰팡이병, 감귤류의 검은썩음병, 옥수수뿌리썩음병을 막는 데 효과가 있다. 그리고 박하를 채소밭에 사이짓기 또는 돌려짓기하면 진딧물을 비롯한 해충의 피해를 막을 수 있다.

참깻잎 추출물

참깨는 참깻과에 속하는 한해살이 공예 작물이다. 잎을 모아 햇빛에 말려 식물성 농약 원료로 쓴다.

▶성분과 작용

참깨에는 지방 60퍼센트, 단백질 21퍼센트, 수용성 당질, 회분,

레시틴, 히스티딘, 트립토판, 피틴, 콜린과 리그난 성분인 세사민, 세사몰린, 세사몰, 비타민 E, 엽산, 니코틴산, 펜토산 따위가 들어 있다. 그 가운데 세사민과 세사몰린은 제충국의 피레트린 활성을 높이는 작용과 항미생물작용, 항바이러스작용을 한다.

▶**사용방법**

참깻잎에 적은 양의 물을 넣고 찧어 짜낸 즙은 진딧물을 잡는 데 쓴다. 약을 뿌리기 전에 3배의 물에 풀고 여기에 비눗물을 0.4 퍼센트 섞어 뿌린다.

**피마자대 추출물**

피마자는 대극과에 속하는 한해살이 공예 작물이다. 피마자를 수확한 뒤 잎과 줄기를 모아 말려서 식물성 농약 원료로 쓴다.

▶**성분과 작용**

씨에는 지방 30~50퍼센트, 단백질 26퍼센트, 독성 알부민인 라이신과 독성 알칼로이드인 리시닌, 리파아제가 있다. 잎에는 유기산인 타타르산, 시트르산, 말산, 코리달리스산, 엘레오스테아린산, 시킴산, 갈산과 플라보노이드인 루틴, 케르시트린, 비타민 C가 들어 있다. 씨에 들어 있는 독단백인 라이신, 독성 알칼로이드인 리시닌이 벌레를 잡는 작용을 하며, 잎에 들어 있는 산 성분과 플라보노이드 성분도 벌레 잡는 작용을 한다.

▶ **사용방법**

피마자의 잎과 줄기에 10배의 끓는 물을 붓고 3시간 우려낸 추출물을 뿌려준다. 이 추출물은 양배추가루진딧물, 배추흰나비 애벌레, 멸강나방 따위의 유충을 죽이며, 밀줄기녹병, 목화모무늬병, 감자역병, 감자뿌리썩음병, 벼잎선충병을 막는 데 효과가 있다.

피마자 잎을 찧어 3배의 물로 우려낸 추출물을 밭에 뿌린다. 이 추출물은 오이진딧물, 사과응애, 흑명나방, 노린재, 잎벌레, 이화명나방, 고구마잎벌레, 가루진딧물, 그리고 여러 가지 진딧물을 죽인다.

피마자의 잎과 줄기를 말려 가루 내어 그것을 비료에 5퍼센트 정도 섞어주면 굼벵이, 땅강아지, 바구미 따위의 토양 해충의 해를 막을 수 있다.

피마자 잎을 찧어 즙을 짠 다음 10~20배의 물을 부어 파나 부추 뿌리에 뿌리면 무파리의 유충이 죽으며 감자, 토마토, 양배추, 오이의 뿌리썩음병도 막는다.

피마자 잎의 가루를 다 자란 수박이나 참외 밭에 뿌리면 여러 유충의 피해를 막을 수 있다. 피마자 잎의 가루를 16~20배의 물에 희석해서 뿌리면 굼벵이, 땅강아지 따위의 토양 해충과 흰파리의 해를 막을 수 있고, 밭고랑에 뿌리면 풍뎅이와 메뚜기를 막을 수 있다. 그리고 이것을 5배의 물에 타서 뿌리면 양배추가루진딧물, 28점박이무당벌레, 밤나방, 밀줄기녹병, 밀잎녹병의 피해를 막을 수 있다.

피마자 잎을 땅에 묻으면 토양 해충을 죽이는데, 이 가루를 벌레가 먹으면 2~3일 지나 죽는다.

피마자의 생뿌리, 줄기, 잎을 15분 동안 끓이고 48시간 우려내는 방법으로 만든 20배 추출물은 장구벌레를 죽인다. 열매껍질을 가루 내어 진거름(진한 액체로 되었거나 물기가 많은 거름)통에 넣으면 파리 유충을 죽인다.

## 먹이 작물로 만든 식물성 농약

### 국화풀 추출물

국화풀은 국화과에 속하는 여러해살이 식물이다. 국화풀을 햇빛에 말려 식물성 농약 원료로 쓴다.

▶성분과 작용

생국화풀에는 단백질, 조지방, 조섬유, 무질소 추출물, 조회분이 들어 있다. 이런 성분이 들어 있는 국화풀 추출물은 병충해와 선충의 피해를 막고, 농작물 생장자극작용도 한다.

▶사용방법

논과 채소밭에 국화풀을 넣고 20배로 우려낸 추출물을 뿌리면 논벼 해충과 채소 해충을 잡는 데 효과가 있다. 특히 진딧물과 응애를 잡는 데 쓴다. 이 밖에도 밭에 국화풀과 함께 컴프리를 심으면 선충의 피해를 막는 효과가 있다.

### 자주개자리 추출물

자주개자리는 콩과에 속하는 여러해살이 식물이다. 식물성 농약 원료는 8~9월 꽃이 필 때 베서 햇빛에 말려 쓴다.

▶성분

자주개자리 추출물에는 사포닌과 약간의 알칼로이드, 쿠마린 (쿠메스트롤), 아스코르빈산, 카로틴, 비타민 따위가 들어 있다. 자주개자리의 주된 유효 성분은 트리아콘타놀이다. 트리아콘타놀은 0.1~1ppm 농도로 쓴다.

▶만드는 방법

자주개자리에 5배의 끓는 물을 넣고 3시간 우려 추출물을 만든다.

▶사용방법

자주개자리 추출물을 10배 희석해 과일나무썩음병, 상추잿빛곰팡이병, 볏과 검은반점병, 시듦병, 선충병을 막는 데 쓴다.

자주개자리와 옥수숫짚을 같은 양으로 섞고 여기에 20배의 물을 넣어 만든 추출물을 채소밭에 정보당 500~1,000리터 뿌리면 채소병 해충을 막을 수 있고, 채소 맛이 좋아지며 수확이 높아진다.

자주개자리 생즙은 50~100배의 물에 섞어 씨앗 처리 및 생육기 처리를 하면 병해충 예방효과, 생장조절효과가 있다. 또한 자주개자리는 퇴비로도 사용한다.

### 컴프리 추출물

컴프리는 지칫과에 속하는 여러해살이 식물이다. 꽃이 필 때 베서 햇빛에 말려 식물성 농약 원료로 쓴다.

▶성분과 작용

컴프리에는 알칼로이드(꽃이 필 때 지상부에 0.6~0.18퍼센트, 뿌리에 0.27퍼센트), 알란토인, 갈산, 아스파라진, 타닌질, 수지, 점액질이 들어 있다. 이 가운데 알칼로이드, 디갈산, 타닌질은 병해충을 막는 작용을 하며, 알란토인은 생장자극작용을 한다. 그리고 말린 컴프리에는 조단백질, 조지방, 조섬유, 무질소 추출물 조회분이 들어 있다.

▶사용방법

컴프리를 20배로 우려낸 추출물을 만들어 비눗물을 0.4퍼센트 섞어 뿌리면 진딧물과 배추흰나비 애벌레를 효과 있게 잡을 수 있다. 그리고 50배로 우려낸 추출물에 씨앗을 처리하면 농작물의 싹이 잘 트고 빨리 자란다. 컴프리 추출물을 다른 식물성 농약에 섞으면 계면 활성을 좋게 한다.

## 나뭇잎류로 만든 식물성 농약

### 유실수로 만든 식물성 농약

**졸참나무 잎 추출물**

졸참나무는 각지의 산기슭에 널리 자라는 참나뭇과에 속하는 낙엽 교목이다. 식물성 농약 원료로는 여름과 가을에 잎을 따서 쓰거나 떨어진 깨끗한 잎을 모아 햇빛에 말려 쓴다. 봄에도 나무에 붙어 있는 잎을 따서 말려 쓴다. 떡갈나무, 참나무, 신갈나무 따위의 참나뭇과 40여 종의 나무도 졸참나무 잎 추출물처럼 만들어 쓸 수 있다.

▶성분과 작용

졸참나무 잎에는 질소, 칼륨, 마그네슘, 인, 칼슘, 규소, 철, 구리와 같은 성분과 조회분, 조단백, 조지방, 조섬유, 무질소 추출물과 같은 고분자 유기물이 들어 있다. 또한 카로틴, 타닌, 트리아콘타놀, 콜린, 석신산, 플라보노이드, 살리실산도 들어 있다.

졸참나무 잎의 기본 유효 성분은 타닌과 트리아콘타놀, 콜린이다. 타닌은 효소독, 단백독으로서 병원균과 미생물의 활성을 막으며 해충의 피해를 막아준다. 유충과 번데기 단계에서 생장을 억제하고 효소 활성에 방해작용을 한다. 또한 병해충에 잘 견디게 하고 농작물의 생장을 자극하며, 뿌리 발육을 좋게 하고 엽록소 함량을 높임으로써 농작물의 생육을 좋게 한다. 또 타닌은 타감작용, 알로몬작용을 하며, 타닌 그 자체는 휴민산을 생성해 농작물에 좋은 작용을 하므로 수확을 높인다. 석신산과 여러 가지 영양물질, 비타민들도 생장 자극에 영향을 준다.

▶만드는 방법

졸참나무 잎 1킬로그램에 물 5리터를 넣고 70~80도에서 3시간 우려낸 뒤 찌꺼기는 버리고 5리터 정도 받아 원액으로 쓴다.

▶사용방법

졸참나무 잎 추출물은 벼물바구미, 배추흰나비 애벌레, 진딧물, 토양 해충과 과일나무뿌리혹병, 감자부란병, 콩탄저병 따위를 막는 데 쓴다.

벼물바구미의 해를 막기 위해서는 졸참나무 잎을 10~30배로 우려낸 추출물을 뿌린다. 살충률은 10배 희석액에서 87.5퍼센트, 30배 희석액에서 80퍼센트, 90배 희석액에서 28.5퍼센트, 270배 희석액에서 18.1퍼센트다. 떨어진 졸참나무 잎으로 만든 추출물의 살충률은 각각 87.5퍼센트, 88.8퍼센트, 63.6퍼센트, 33.3퍼센트다. 살충률을 높이기 위해서는 졸참나무 잎 추출물에 폐유나 비누를 섞어준다.

배추흰나비 애벌레와 진딧물의 해를 막기 위해서는 졸참나무 잎을 넣고 3배로 우려낸 추출물을 뿌리거나 졸참나무 잎을 가루

내어 뿌린다. 졸참나무 잎과 가지를 땅에 묻어주면 토양 해충을 막는 데 효과를 볼 수 있다. 과일나무뿌리혹병, 감자부란병, 핵과 세균병, 콩탄저병, 복숭아열매썩음병에는 졸참나무 잎을 50배로 우려낸 추출물을 뿌려주면 병의 해를 막을 수 있다.

졸참나무 타닌 30밀리그램과 유산철 70밀리그램을 어두운 곳에서 섞어 앰풀에 넣고 쓰기 전에 pH4.5~5.0의 완충 용액에 풀어 뿌리면 감자바이러스를 비롯한 바이러스병에 효과가 있다.

### 밤나무 잎 추출물

밤나무는 참나뭇과에 속하는 낙엽 교목이다. 7~8월에 잎을 따서 쓰거나 떨어진 잎을 깨끗이 말려 식물성 농약 원료로 쓴다.

▶성분과 작용

밤나무 잎 추출물의 주요 작용 성분은 티닌이다. 티닌은 잎과 나무껍질에 9~10퍼센트 들어 있다. 이 밖에도 잎에는 비타민 K, 카로틴, 플라보노이드(히페린), 트리테르페노이드(우르솔산, 베툴린, 루페올)가 들어 있다.

밤나무 잎 추출물은 타감작용과 잡초 생장억제작용을 한다.

▶사용방법

밤나무 잎 추출물은 병충해와 오이노균병, 그리고 여러 해충의 피해를 막는 데 쓴다. 오이노균병의 피해를 막으려면 밤나무 잎을 넣고 30배로 우려낸 추출물을 뿌린다.

### 복사나무 잎 추출물

복사나무는 장미과에 속하는 낙엽 소교목이다. 복사나무 잎을 식물성 농약 원료로 쓴다.

▶ **성분과 작용**

잎에는 나이트릴 배당체(수증기 증류를 하면 벤즈알데하이드와 사이안화수소가 생겨 독성을 나타낸다), 타닌과 같은 성분이 들어 있다. 벤즈알데하이드는 여러 가지 해충을 죽이거나 회충 구제작용을 한다. 사이안화수소도 해충의 피부와 호흡기에 독작용을 한다. 아미그달린은 알로몬 활성을 나타내며, 분해되면 벤즈알데하이드와 사이안화수소가 되는데 이 물질이 독작용을 한다.

▶ **사용방법**

복사나무 잎 추출물은 여러 가지 해충과 병을 막을 수 있다. 복사나무 생잎을 찧어 진거름 통에 넣으면 파리 유충이 죽는다. 또 복사나무 잎의 가루를 논에 뿌리면 이화명나방, 배추흰나비 애벌레의 피해를 막을 수 있다.

복사나무 잎을 넣고 5배로 우려낸 추출물은 밀줄기녹병, 감자역병, 도열병, 오이노균병, 감자뿌리썩음병을 막아주며, 콩진딧물, 조명나방, 벼룩잎벌레, 사과응애, 멸강나방을 잡는 데도 쓴다.

복사나무 잎을 넣고 10배로 우려낸 추출물은 진딧물, 이화명나방, 배추흰나비 애벌레, 뽕나무벌레 따위와 목화탄저병, 밀녹병, 볏과 작물에 생기는 검은반점병, 콩과 작물에 생기는 탄저병, 파썩음병, 상추잿빛곰팡이병 따위를 막는 데 쓴다.

복사나무 잎을 넣고 20~30배로 우려낸 추출물은 채소뿌리썩음병, 고구마검은무늿병, 감자역병, 오이노균병을 막는 데 쓴다.

복사나무 잎과 담뱃대를 잘게 썰어 5대 2의 비율로 섞은 다음 30배의 물을 넣고 12~16시간 동안 우려낸 추출물은 가루진딧물, 배추흰나비, 사과응애를 잡는 데 효과가 좋다.

복사나무 잎과 멀구슬나무 잎, 버드나무 잎을 같은 양으로 섞은 뒤 물을 약간 넣고 찧어 즙을 만든 다음 이것을 6배의 물에 타서 채소밭에 뿌리면 배추흰나비 애벌레의 피해를 막을 수 있다.

### 배나무 잎 추출물

배나무는 장미과에 속하는 낙엽 교목이다. 잎을 식물성 농약 원료로 쓴다.

▶ **성분과 작용**

배나무 잎의 기본 유효 성분은 잎에 들어 있는 페놀 배당체인 알부틴, 타닌, 사포닌, 플라보노이드 따위다. 알부틴은 강한 살균, 부식 방지작용을 하고, 플라보노이드인 플로리진은 지베렐린 생합성 억제작용으로 생장을 조절한다.

▶**사용방법**

배나무 잎 추출물은 진딧물, 사과응애, 사과검은별무늿병에 효과가 있다. 배나무 잎을 넣고 20배로 우려낸 추출물에 비눗물을 0.4퍼센트 섞어 뿌린다.

### 가래나무 잎 추출물

가래나무는 가래나뭇과에 속하는 낙엽 교목이다. 식물성 농약 원료로 쓸 때 가래나무 잎은 생잎을 쓰거나 꽃이 핀 다음에 따서 말려 쓴다.

▶**성분과 작용**

가래나무 잎에 들어 있는 기본 활성 성분은 주글론과 타닌, 알칼로이드다. 이 가운데 주글론은 해충의 섭식 방해작용과 알로몬 작용, 타감작용으로 잡초를 없앤다. 이런 주글론과 그 유도체는 뿌리껍질에 들어 있으며, 타닌은 잎과 어린 가지, 열매껍질(14퍼센트)에 들어 있다. 알칼로이드는 열매껍질에 0.03퍼센트 들어 있으며, 잎과 어린 가지에도 들어 있다. 이 밖에도 생잎에 비타민 C가 20밀리그램, 정유는 0.06퍼센트 들어 있다.

▶**만드는 방법**

가래나무 생잎을 찧어 약간의 물을 넣고 48시간 추출한 다음 약한 불에서 15분 동안 끓인 뒤 걸러 추출물을 만든다. 여기에 점착제로 토끼풀 추출물을 섞는다. 또는 잎을 찧은 다음 5배의 물을 넣고 추출물을 만들어 쓰기도 한다.

▶ **사용방법**

가래나무 잎 추출물은 진딧물과 장구벌레를 없애고 오이노균병을 막는다. 진딧물은 가래나무 잎을 넣고 5배로 우려낸 추출물을, 장구벌레는 가래나무 잎을 넣고 20배로 우려낸 추출물을, 오이노균병은 가래나무 잎을 넣고 5배로 우려낸 추출물을 정보당 1,000리터 뿌려 예방한다.

가래나무 잎 추출물은 병이 생기기 전에 뿌리는 것이 좋다. 자료에 의하면 오이노균병이 생긴 뒤인 6월 10일에 뿌린 것보다 병이 생기기 전인 6월 1일부터 5일 사이에 뿌렸을 때 24.8~62.2퍼센트 더 효과가 좋았다.

### 다래나무 추출물

다래나무는 다랫과의 낙엽 덩굴나무다. 잎과 줄기, 뿌리를 식물성 농약 원료로 쓴다. 잎과 줄기는 꽃이 피기 전후에 채취해 쓰며, 뿌리는 봄과 가을에 캐서 쓴다.

▶ **성분과 작용**

다래나무 잎과 줄기에는 사포닌과 플라보노이드가 많이 들어 있으며, 잎과 열매에는 알칼로이드인 액티니딘, 락톤 성분인 이리도미르메신, 이소이리도미르메신, 디히드로네페타락톤, 이소디히드로네페타락톤, 네오네페타락톤, 그리고 당질, 단백질, 지방질, 비타민, 유기산(시트르산, 말산, 키나산, 글루쿠론산, 옥살산, 퓨마산, 석신산, 쿠마르산)이 들어 있다. 줄기에는 많은 양의 아르기닌과 아미노산이 들어 있다.

사포닌, 유기산, 타닌은 병충해를 막아주는 역할을 하며, 소르비톨과 석신산은 농작물이 열악한 환경에 견디는 힘을 높여주는 역할을 한다.

▶ **사용방법**

다래나무 잎자루는 벼잎벌레, 이화명나방, 배추흰나비, 흑명나방을 잡는 데 효과가 있다. 다래나무 뿌리를 넣고 10배로 우려낸 추출물은 이화명나방의 피해를 막는 데 효과가 있다.

다래나무 가루에 잿가루나 석횟가루를 섞어 뿌리면 약효가 더 좋아진다.


## 활엽수로 만든 식물성 농약

### 가막살나무 추출물

가막살나무는 인동과에 속하는 낙엽 관목이다. 봄에 껍질을 벗겨 햇빛에 말려 쓰며, 봄과 초가을에 잎을 따서 식물성 농약 원료로 쓴다.

▶성분과 작용

잎과 껍질에는 나뭇진이 6.5퍼센트(물에 분해되면 폼산, 아세트산, 이소발레리안산을 비롯한 많은 유기산과 피토스테롤, 트리아콘타놀이 생긴다), 타닌질 2퍼센트, 배당체 따위가 들어 있다.

▶사용방법

가막살나무 잎 또는 껍질을 넣고 20배로 우려낸 추출물을 뿌리면 사과검은별무늿병을 막을 수 있다. 가막살나무 추출물에 $Fe^{2+}$, $Cu^{2+}$이온을 배합하면 바이러스 활성을 억제할 수 있다.

### 가죽나무 추출물

가죽나무는 소태나뭇과에 속하는 10미터 정도 자라는 낙엽 교목이다. 식물성 농약 원료로 뿌리껍질이나 줄기껍질을 벗겨 쓰며, 잎과 뿌리도 쓴다.

▶성분과 작용

가죽나무 잎에 들어 있는 유효 성분은 타닌과 알칼로이드, 불포화지방산이다. 잎과 껍질에는 디테르펜락톤, 쓴맛 성분인 아일란틴과 쿠아신이 들어 있다. 이 밖에 타닌, 알칼로이드, 피토스테롤이 들어 있다. 씨에는 많은 양의 기름과 지방산인 페트로셀린산,

타리린산이 들어 있다.

가죽나무의 잎과 뿌리껍질은 병해충을 막아주는 작용이 강하다. 게다가 잎과 껍질에 들어 있는 아일란틴, 쿠아신의 쓴맛 성분은 해충의 섭식활동을 방해하고 해충을 죽이는 작용을 한다.

▶사용방법

가죽나무 추출물은 배추흰나비 애벌레, 진딧물에 효과가 있다. 가죽나무 잎을 넣고 5배로 우려낸 추출물을 뿌리면 콩진딧물, 사과응애, 옥수수작은밤나방, 28점박이무당벌레를 잡을 수 있다. 가죽나무 뿌리 가루는 배추흰나비, 진딧물을 잡는 데 쓴다.

### 노박덩굴 추출물

노박덩굴은 산과 들의 숲속에서 자라는 노박덩굴과에 속하는 낙엽 덩굴나무다. 뿌리껍질과 줄기, 잎을 봄 또는 가을에 채취해 식물성 농약 원료로 쓴다.

▶성분과 작용

노박덩굴의 잎과 뿌리, 열매에는 농약 활성 성분인 플라보노이드(캠페리트린, 캠페롤-3,7-디람노시드, 캠페롤-3-P-쿠마로일글루코시드)가 들어 있다. 또한 뿌리에는 셀라스트롤도 들어 있다.

노박덩굴 추출물은 살충작용과 항미생물작용을 한다.

▶사용방법

노박덩굴 추출물은 미국흰불나방, 배추흰나비 애벌레, 진딧물, 흑명나방, 이화명나방 따위의 해충과 감자역병을 막는 데 쓴다. 미국흰불나방을 잡기 위해서는 노박덩굴 뿌리 가루 또는 10퍼센트 현탁액을 정보당 45~60킬로그램 뿌린다. 목화진딧물, 사과응애, 배추흰나비를 잡기 위해서는 노박덩굴 껍질을 넣고 50배로 우려낸 추출물을 뿌린다. 감자역병은 노박덩굴 껍질 가루를 넣고 30배로 우려낸 추출물을 뿌려 막는다.

### 다릅나무 추출물

야산이나 높은 산에서 자라는 콩과에 속하는 낙엽 교목이다. 가을에 잎과 가지를 꺾어 말려서 식물성 농약 원료로 쓴다.

▶성분과 작용

다릅나무의 씨, 열매, 나무껍질과 뿌리껍질에는 일정한 양의 알칼로이드가 들어 있으며, 주성분은 시티신이다. 병해충 예방작용, 항바이러스작용, 진딧물 섭식 방해작용을 한다.

▶사용방법

다릅나무를 넣고 10배로 우려낸 추출물을 뿌리면 양배추가루진딧물, 배추흰나비, 옥수수깜부기병에 효과가 있다.

### 멀구슬나무 추출물

멀구슬나무는 7~10미터 정도 자라는 멀구슬나뭇과에 속하는 낙엽 교목이다. 식물성 농약 원료는 이른 봄에 줄기껍질을 벗겨 쓰거나 여문 열매를 따서 쓰며, 잎은 꽃이 필 때 따서 쓴다.

▶ **성분과 작용**

껍질에 들어 있는 아자디라크틴, 쿠마린, 독단백, 타닌질과 열매에 들어 있는 투센다닌, 바닐린산, 잎에 들어 있는 멜리아틴 따위가 해충에 독작용을 하며, 아자디라크틴은 해충의 섭식활동을 떨어뜨리거나 생장을 억제해 죽인다. 또한 병해충을 잡는 작용과 생장조절작용이 강하다.

▶ **사용방법**

이화명나방, 진딧물, 사과응애, 목화진딧물, 배추흰나비, 벼멸구 따위와 같은 해충을 잡기 위해 멀구슬나무를 넣고 10~20배로 우려낸 추출물을 뿌려준다. 굼벵이를 비롯해 토양 해충을 잡기 위해서는 멀구슬나무 가루를 분토와 함께 밭에 뿌린다.

목화검은무늿병, 목화탄저병, 목화마름병, 고구마얼룩무늿병을 막기 위해 멀구슬나무 가루를 뿌린다. 밀줄기녹병, 밀잎녹병, 감자역병을 막기 위해 멀구슬나무 열매씨를 넣고 15배로 우려낸 추출물을 뿌려준다. 멀구슬나무로 독미끼를 만들어 뿌리면 멸강나방을 잡을 수 있다.

자료에 의하면 멀구슬나무 추출물을 다른 농약과 섞어 쓰면 비료효과를 높이는 역할을 했다. 즉 화학 농약의 활성이 10배 이상 높아져 농약의 양을 절반 정도로 줄이면서도 같은 효과를 냈다.

### 버드나무 추출물

버드나무는 버드나뭇과에 속하는 낙엽 교목이다. 식물성 농약 원료로 여름에 잎을 따서 쓰거나 떨어진 잎을 쓴다. 버드나무속에 속하는 40여 종의 식물들도 버드나무 추출물과 같은 목적으로 쓸 수 있다.

▶성분과 작용

버드나무 잎에는 타닌, 살리실산, 플라보노이드와 같은 기본 활성 성분이 들어 있다. 쓴맛 물질은 해충의 섭식을 방해하는 작용을 한다. 버드나무 잎에 들어 있는 타닌, 살리실산, 플라보노이드, 칼콘 배당체인 살리푸르포시드, 갈산, 피로카테킨 따위의 페놀 화합물과 유기산은 농작물의 생장자극작용을 한다. 그 밖의 여러 가지 영양 성분도 농작물의 성장자극작용을 한다.

▶만드는 방법

버드나무 생잎을 찧어 즙을 만들어 여기에 3배의 물을 붓고 24~36시간 추출한 다음 걸러서 쓴다.

▶사용방법

버드나무 잎을 넣고 50~100배로 우려낸 추출물이나 버드나무 꽃이삭을 넣고 200배로 우려낸 추출물로 씨앗 처리와 생육기 처리를 하면 농작물이 잘 자라며 수확도 좋아진다. 이 밖에도 버드나무 잎 추출물은 배추흰나비 애벌레, 채소진딧물, 복숭아진딧물, 배추흰나비, 응애, 마디벌레, 밤나방, 오이진딧물에 효과가 있다.

버드나무 생가지를 꺾어서 하루 동안 놓아두었다가 8~10대씩 단을 묶어 목화밭 330제곱미터당 3~4단씩 놓아두면 가루진딧물을 유인할 수 있으며, 산란을 30~50퍼센트 정도 낮출 수 있다. 이때 버드나무 생가지 단은 10일에 한 번씩 갈아준다.

### 아까시나무 추출물

아까시나무는 콩과에 속하는 낙엽 교목이다. 잎과 꽃을 식물성 농약 원료로 쓰는데, 잎은 봄과 여름철에 따며 꽃은 활짝 핀 꽃을 따서 햇빛에 말려 쓴다.

▶성분과 작용

아까시나무의 잎과 꽃에는 플라보노이드와 타닌을 비롯해 농약 활성 성분과 여러 가지 영양물질이 들어 있다.

▶사용방법

아까시나무 잎을 10배로 우려낸 추출물은 십자화과 검은녹병,

감자갈색점무늿병, 볏과 잎반점병, 파·목화 잎반점병, 감귤류 검은썩음병에 효과가 있다. 잘 말린 아까시나무 잎과 낟알을 1대 100에서 1대 200의 비율로 섞고 뚜껑을 꼭 막아 저장하면 피해를 막을 수 있다.

## 침엽수로 만든 식물성 농약

### 가문비나무 추출물

가문비나무는 소나뭇과에 속하는 상록 침엽 교목으로, 잎은 바늘 모양이며 방울 모양의 열매를 맺는다. 식물성 농약 원료로는 가문비나무의 잎과 잔가지를 쓴다. 가문비나무에 들어 있는 농약 활성 성분은 낮은 온도에서 높아지므로 11월부터 2월까지 추운 시기에 채취해 쓰는 것이 좋다.

▶ 성분과 작용

가문비나무의 잎과 가지에는 농약 유효 성분인 비타민(엽록소, 카로틴)과 고분자 유기물질(단백질, 다당류, 섬유질, 리그닌, 펜토산, 무질소 추출물), 그리고 미량원소, 타닌, 정유가 풍부하게 들어 있다. 정유 성분인 보닐아세테이트는 미생물의 원형질을 파괴하며 해충의 산란을 방해한다.

▶**사용방법**

가문비나무 잎 추출물은 배추흰나비를 잡는 데 효과가 있다. 가문비나무 잎을 10~40배로 우려낸 추출물을 뿌린다(가문비나무 잎 추출물의 작용, 만드는 방법, 사용방법은 소나무 잎 추출물과 비슷하므로 '소나무 추출물'을 참고하라).

### 노간주나무 추출물

노간주나무는 산기슭, 양지의 마른땅에서 자라는 측백나뭇과에 속하는 상록 침엽 교목이다. 식물성 농약 원료로 노간주나무의 잎과 가지를 쓴다.

▶**성분과 작용**

노간주나무 추출물에는 병해충 구제 성분인 정유(주성분은 피넨, 카디넨)가 들어 있으며, 납(wax)과 플라보노이드(히노키플라본)도 들어 있다.

▶**사용방법**

노간주나무 잎을 넣고 5배로 우려낸 추출물은 배추흰나비를 잡는 데 효과가 있다. 노간주나무 잎 추출물은 양배추가루진딧물에도 효과가 있는데, 노간주나무의 잎과 가지를 넣고 20배로 우려낸 추출물을 만들어 뿌린다.

### 분비나무 추출물

분비나무는 높은 산지대에서 25미터 정도 자라는 소나뭇과에 속하는 상록 침엽 교목이다. 식물성 농약 원료는 잎과 잔가지를 채취해 수증기에 증류하여 정유를 얻어 쓴다. 껍질과 솔방울도 원료로 쓸 수 있다.

▶성분과 작용

분비나무의 기본 유효 성분은 정유다. 정유는 잎에 1퍼센트, 싹과 잎이 붙은 어린 가지에 2퍼센트, 송진에 17퍼센트 들어 있다. 분비나무 정유는 살충제, 방부제, 살초제로 쓸 수 있다.

또한 분비나무 정유는 보닐아세테이트와 피넨을 출발물질로 하여 해충 퇴치작용과 쥐를 쫓는 작용이 강하고, 병해충 구제작용과 식물 생장조절작용이 있는 캠퍼와 보네올을 합성하는 데 쓴다.

분비나무 정유 1톤을 생산할 때 3톤의 찌꺼기 가루를 생산할 수 있다. 찌꺼기 가루는 정유를 생산하고 짧은 시간에 말려 가루를 만든다. 찌꺼기 가루에는 119.8mg/kg의 카로틴과 비타민, 미량원소, 활성 성분이 들어 있다. 그러므로 찌꺼기 가루를 그대로 쓰거나 다른 농약에 비타민 첨가제로 배합해 쓸 수 있다. 그리고 찌꺼기 가루를 물에 우려 살충제 및 생장조절제로 쓸 수 있다.

▶사용방법

분비나무 잎 추출물은 배추흰나비와 양배추가루진딧물을 잡는 데 효과가 있다. 분비나무나 분비나무 잎을 넣고 10배로 우려낸 추출물을 채소밭에 뿌려주면 배추흰나비의 피해를 막을 수 있으며, 분비나무 잎을 40배로 우려낸 추출물은 양배추가루진딧물의 피해를 막아준다.

### 소나무 추출물

소나무는 해발 1,000미터 아래의 산에서 자라는 소나뭇과에 속하는 상록 침엽 교목이다. 식물성 농약 원료는 겨울철에 잎을 따서 그대로 쓰거나 봄철에 어린 순을 따서 말려 쓴다. 소나무 어린 가지의 마디나 꽃가루, 뿌리껍질도 원료로 쓴다. 꽃가루는 봄철에 수꽃이삭을 따서 털어 꽃가루를 모아 체로 치며, 뿌리껍질은 봄에 뿌리를 캐서 껍질을 벗겨 말린다. 소나무 잎에 들어 있는 농약 활성 성분은 여름보다 겨울에 더 높다.

▶성분과 작용

소나무의 잎과 껍질, 어린 마디, 뿌리껍질에는 여러 가지 영양 원소와 고분자 유기화합물, 비타민, 정유, 아미노산, 타닌이 풍부하게 들어 있는데, 그 가운데 정유와 타닌이 여러 가지 활성을 나타낸다. 피마르산, 아비에트산, 올레인산은 살충·살균 작용을 한다.

아비에트산은 씨앗 속에서 아밀라아제의 활성과 호흡 세기를 높여 빨리 싹트고 뿌리 내리도록 한다. 또한 식물체 안에서 자라는 생육 기간에 성장과 발육을 좋게 하고 냉해를 잘 견디게 해준다. 아비에트산으로 옥수수 씨앗을 처리하려면 0.1~0.15퍼센트 약물에 씨앗을 20~24시간 담갔다 꺼내는 방법을 쓴다.

테레빈유는 해충을 유인하는 작용을 하며, 소나무 타르는 해충을 쫓는 작용, 송진과 프로피오락톤은 해충을 죽이는 작용을 한다. 특히 스틸벤 화합물, 피노실빈은 항미생물작용과 해충에 저항 작용을, 피니톨은 염에 견디는 힘을 강하게 해준다.

소나무 껍질에 들어 있는 페룰라산 메틸, 피노레시놀과 소나무 속살에 있는 피노실빈 모노메틸에테르, 히드록시스틸벤은 소나무 선충을 죽이는 작용을 한다.

▶ 사용방법

소나무 잎을 찧어 정보당 80~100킬로그램을 논물에 풀어 넣으면 벼잎벌레, 벼멸구, 멸강나방, 진딧물을 죽인다. 소나무 잎을 넣고 20~30배로 우려낸 추출물을 정보당 500~1,000리터 뿌리면 감자역병, 옥수수깜부기병, 옥수수뿌리썩음병, 사과검은별무늿병을 막을 수 있다.

소나무 잎을 6배로 우려낸 추출물을 1,000배의 물에 풀어 씨앗 처리와 모판 처리를 하면 식물 생장자극작용 효과를 얻을 수 있다. 떨어진 잎을 넣고 20배로 우려낸 추출물을 농작물에 뿌리면 식물 생장자극작용과 타감작용을 한다.

소나무 송진을 원료로 하여 분비 정유 살초제를 만들어 쓸 수 있다. 분비 정유 살초제의 유효 성분은 정유에 들어 있는 테르피네올, 피넨, 디펜텐, 리모넨이다. 분비 정유 살초제에 옥수수기름을 비롯한 식물성 기름을 섞으면 김매기 효과가 좋아진다.

논밭에 약을 뿌리면 약 성분이 잡초의 잎과 줄기 겉면을 덮어 숨구멍을 막아 잡초가 죽는다. 엉경퀴와 같이 잎이 많은 잡초에 약을 한 번 뿌리면 잎만 죽고 다시 살아날 수 있으므로 여러 번 뿌린다.

옥수수 묘상(苗床)의 모에는 0.1~0.15퍼센트의 약물을 옥수수 싹이 튼 다음부터 4~5일 간격을 두고 3.3제곱미터당 0.2리터 정도씩 뿌려준다.

송진(순도 80퍼센트 이상)과 가성소다를 2대 1의 비율로 섞어 송진합제를 만들어 쓴다. 먼저 가성소다를 5배 정도의 물에 풀고 8~10분 동안 가열한 다음 저으면서 송진을 넣어 만든다. 또는 송진을 가루 상태로 만들어 물에 풀면 좋다. 이런 송진합제는 진한 밤색 액체로서 알칼리성이 강하다. 유리 알칼리에 의해 해충의 피부가 삭고 약물에 의해 숨구멍이 막혀 죽는다. 송진합제는 주로 과일나무의 깍지벌레와 온실가루이, 진딧물, 사과응애를 막는 데 쓴다.

송진수지산동 살비제를 만들어 쓴다. 송진수지산동 살비제는 송진, 수산화칼륨(또는 수산화나트륨), 가용성 구리염, 유기 용매를 섞어 가열, 반응시키고 유화제를 넣어 만든다. 이 약은 채소 작물에 생기는 여러 가지 병과 썩음병에 효과가 있다.

또 솔기름유황합제를 만들어 쓴다. 솔기름유황합제는 솔기름(소나무 송진기름) 3킬로그램에 석회유황합제 1킬로그램을 조금씩 떨어뜨리면서 골고루 섞어 만든다. 솔기름유황합제는 사과나무에 상처가 난 자리, 부란병이 생긴 자리, 해충이 갉아먹은 자리, 기계적인 상처 자리에 발라준다. 이 약은 사과나무부란병을 예방한다.

솔잎을 저장하는 낟알에 1대 200의 비율로 골고루 섞어 뚜껑을 잘 덮으면 해충의 피해를 막을 수 있다.

## 풀류로 만든 식물성 농약

### 도꼬마리 추출물

도꼬마리는 낮은 산과 들, 길가에서 자라는 국화과에 속하는 한해살이풀이다. 잎줄기와 열매를 식물성 농약 원료로 쓴다. 잎과 줄기는 꽃이 필 때 채취하며, 열매는 잘 익은 것을 따서 햇빛에 말려 쓴다.

▶ **성분과 작용**

도꼬마리에는 크산티닌, 카로티노이드, 알칼로이드, 사포닌, 크산토스트루마린, 수진, 요오드염, 지방(티놀산, 올레인산, 포화지방산)이 들어 있다. 도꼬마리는 고등식물 가운데 요오드 함량이 높은 식물 가운데 하나다. 도꼬마리에 들어 있는 알칼로이드와 사포닌 성분이 병충해 방제작용을 한다.

▶사용방법

도꼬마리 추출물은 진딧물과 배추흰나비, 사과응애, 귤나무선충과 푸사륨균병, 진균병, 옥수수깜부기병, 옥수수뿌리썩음병을 막는 데 효과가 있다. 낟알을 보관할 때 도꼬마리 가루를 보리와 골고루 섞어 햇빛에 말린 다음 그릇 아래위에 볏짚을 깔고 놓으면 해충의 피해를 막을 수 있다.

### 독말풀 추출물

독말풀은 가짓과에 속하는 한해살이풀이다. 잎과 줄기, 씨를 식물성 농약 원료로 쓴다. 잎과 줄기는 꽃이 필 때 줄기째 베서 말린다. 줄기에 들어 있는 알칼로이드는 말릴 때 잎으로 옮겨진다. 씨는 익은 열매가 터지기 전에 따서 햇빛에 말려 턴다. 흰꽃독말풀, 털독말풀, 털흰꽃독말풀, 흰나팔독말풀 따위도 독말풀 추출물과 같은 목적으로 쓴다.

▶성분과 작용

독말풀의 기본 유효 성분은 알칼로이드다. 알칼로이드의 주성분은 히오시아민이고, 적은 양의 아트로핀, 스코폴라민, 아포아트로핀, 벨라도닌이 있다. 잎에는 검은 밤색의 정유(담배와 비슷한 냄새가

난다)와 타닌이 들어 있으며, 씨에는 지방이 17~25퍼센트 들어 있다. 히오시아민은 메뚜기의 섭식을 방해한다. 이와 같이 독말풀 추출물은 벌레에 소화 중독작용을 하며, 항균·항바이러스 작용도 한다.

▶**사용방법**

독말풀의 잎과 줄기로 5배의 추출물을 만든 것은 사과응애, 진딧물류, 나무이, 거미줄진드기, 노린재, 배추흰나비, 조명나방, 이화명나방, 벼잎벌레를 비롯한 해충과 밀녹병, 감자역병, 십자화과 검은녹병, 감자·토마토 얼룩무늿병, 파·목화 잎반점병, 오이모자이크바이러스병, 담배모자이크바이러스병, 토마토마름병 따위를 막는 작용을 한다.

독말풀 가루로 독미끼를 만들어놓으면 멸강나방의 해를 막을 수 있다. 독말풀과 아주까리를 같은 양으로 섞어 10배로 우려낸 추출물을 만들어 정보당 500~1,000리터 뿌리면 알곡과 채소, 과일나무에 생기는 여러 가지 해충을 없애는 데 효과가 있다. 2.5퍼센트 독말풀 알칼로이드 약물은 진딧물과 배추흰나비 애벌레를 잡는 데 효과가 있다. 정보당 알칼로이드 유효량은 112.5~187.5그램이다.

**독미나리 추출물**

독미나리는 물가 습지에서 자라는 산형과에 속하는 여러해살이풀이다. 독미나리가 꽃이 피었을 때 베서 햇빛에 말려 식물성 농약 원료로 쓴다.

▶**성분과 작용**

독미나리의 기본 유효 성분은 시큐톡신, 쿠마린, 정유다. 쿠마린의 기본 활성 성분은 베르캅텐이고 정유의 주성분은 파라시멘, 큐민알데히드다. 또한 시쿠톨, 쿠에르세틴, 이소람네틴도 들어 있다. 시큐톡신은 벌레의 근육에 경련독작용과 신경독작용을 일으켜 벌레를 죽인다.

▶**사용방법**

독미나리 추출물은 진딧물을 비롯한 병해충과 보리줄무늿병, 벼잎반점병 따위의 여러 가지 병의 해를 막는 데 효과가 있다. 독미나리를 넣고 10~20배로 우려낸 추출물에 비눗물을 0.4퍼센트 섞어 쓴다.

### 둥굴레 추출물

둥굴레는 산과 들에서 자라는 백합과에 속하는 여러해살이풀이다. 높이는 40~70센티미터 정도다. 식물성 농약 원료는 둥굴레의 잎과 줄기를 꽃이 필 때 채취해 그늘에서 말려 쓰며, 뿌리줄기는 봄 또는 가을에 캐서 물에 씻어 햇빛에 말려 쓴다.

▶**성분**

둥굴레의 뿌리줄기에는 콘발라린, 콘발라마린과 같은 심장독-강심배당체와 많은 점액질, 적은 양의 알칼로이드, 켈리도닌산, 아스파라진, 만니톨, 그리고 여러 가지 영양 성분이 들어 있다. 점액질의 약 80퍼센트는 과당이고, 나머지는 포도당과 아라비노오스다. 잎에는 아제티딘-2-카복실산, 아스코르빈산, 카로틴이 들어 있다.

▶사용방법

둥굴레 뿌리줄기를 넣고 15배로 우려낸 추출물은 이화명나방, 밀녹병, 검은별무늿병의 해를 막는 데 효과가 있다. 둥글레 잎줄기를 넣고 10배로 우려낸 추출물에 비눗물 0.4퍼센트를 섞은 약물은 딱정벌레의 해를 막는 데 효과가 있다.

### 들국화 추출물

들국화는 낮은 산과 들에서 자라는 국화과에 속하는 여러해살이풀이다. 들국화의 잎과 대, 꽃이삭을 식물성 농약 원료로 쓴다. 잎과 대는 꽃이 필 때 채취해 햇빛에 말려 쓰며, 꽃이삭은 가을에 꽃이 피었을 때 따서 그늘에 말려 쓴다.

▶성분

들국화 추출물의 기본 유효 성분은 정유 락톤화합물, 사포닌, 타닌이다. 꽃에는 정유, DL-캠퍼, 테트라코잔, 헥사코잔, 테르펜케톤, 루테올린, 크리산테민 따위가 들어 있으며, 씨에는 반건성유, 타닌, 정유가 들어 있다. 또 잎과 대에는 $\gamma$-락톤화합물과 이

눌리신이 들어 있으며, 뿌리에는 사포닌이 들어 있다.

▶**사용방법**

들국화를 넣고 5~10배로 우려낸 추출물은 진딧물, 목화진딧물, 사과응애, 배추흰나비에 효과가 있다.

**물레나물 추출물**

물레나물은 볕이 잘 드는 산과 들에서 자라는 물레나물과에 속하는 여러해살이풀이다. 늦은 여름철 물레나물의 꽃이 필 때 줄기를 베서 햇빛에 말려 식물성 농약 원료로 쓴다.

▶**성분과 작용**

물레나물의 잎과 줄기에는 하이페리신, 정유, 타닌, 카로틴, 적은 양의 콜린, 알칼로이드, 플라보노이드(루틴, 쿠에르시트린, 이소쿠에르시트린), 쿠마린, 사포닌이 들어 있으며, 뿌리에는 쿠마린, 사포닌이 들어 있다.

물레나물의 잎과 줄기에 있는 거의 모든 활성 성분은 살충·항균·항바이러스 작용을 한다.

▶**사용방법**

물레나물을 넣고 10배로 우려낸 추출물은 담배, 토마토, 가지, 고추의 바이러스병을 막는 데 쓴다. 물레나물에서 알칼리 수용액에 풀리는 물질을 우려내어 만든 알칼리 추출 농축액(1퍼센트)인이마닌은 바이러스병을 막기 위해 맑은 날에 토마토, 가지, 담배 모 잎에 0.01퍼센트 용액을 3~5일 간격으로 다섯 번 뿌린다.

모에 처리할 때에는 모를 옮기기 20~25일 전에 뿌린다. 토마토, 고추, 가지 씨앗은 0.1퍼센트 용액에 3시간 동안 담갔다가 물에 씻은 다음 방에서 말린 뒤 심는다.

### 민들레 추출물

민들레는 산과 들에서 자라는 국화과에 속하는 여러해살이풀이다. 이른 봄에 뿌리에서 모여 나온 깃 모양으로 깊이 갈라진 잎이 땅 위를 따라 옆으로 퍼져 나온다. 민들레를 식물성 농약 원료로 쓸 때는 꽃이 필 때 뿌리째 캐서 물에 씻어 햇빛에 말리거나 그대로 쓴다. 흰민들레, 산민들레도 쓸 수 있다.

▶성분과 작용

민들레 추출물에 들어 있는 페놀 성분은 푸사륨병균, 곰팡이류에 대해 억제작용을 하며 살초제작용도 한다. 그리고 락투스피크린, 타락사신과 같은 쓴맛 성분은 벌레의 섭식을 방해하는 작용을 한다.

▶사용방법

민들레 추출물은 토마토썩음병을 비롯한 푸사륨균병을 막는 데 쓴다. 민들레는 보통 50~100배로 우려낸 추출물을 식물성 농약으로 쓴다. 봄철에 여러 가지 병을 예방할 목적으로 민들레 뿌리나 잎에 30배의 물을 붓고 40도에서 2시간 우려낸 추출물은 진딧물, 사과응애, 깍지벌레, 배추흰나비 애벌레를 잡는 데 효과가 있다. 과일나무나 딸기나무에 뿌릴 때는 싹트는 시기와 꽃 피기 전 시기에 뿌리고 그 뒤에는 10~15일 간격으로 한 번씩 뿌린다.

민들레 생뿌리는 모래와 함께 땅속에 묻거나 자루에 넣어 지하실에 보관해 쓸 수 있다.

### 미나리아재비 추출물

미나리아재비는 산과 들에서 많이 자라는 미나리아재빗과에 속하는 여러해살이풀이다. 식물성 농약 원료로 쓰려면 꽃이 피었을 때 미나리아재비를 베서 햇빛에 말린다.

▶성분과 작용

미나리아재비에는 라눈쿨린, 프로토아네모닌, 아네모닌, 콜린, 알칼로이드, 타닌, 플라보노이드, 페놀류, 유기산, 아미노산, 히스타민 따위가 들어 있다. 이 가운데 프로토아네모닌은 병해충을 막는 작용을 하며 콜린, 알칼로이드, 타닌, 페놀류, 유기산도 병충해를 막는 작용을 한다. 미나리아재비 추출물은 벌레에 접촉작용을 하여 죽인다.

▶사용방법

미나리아재비를 넣고 10배로 우려낸 추출물은 이화명나방, 배추흰나비를 비롯한 해충과 감자부란병, 사과검은별무늿병, 십자화과 검은녹병, 파잎반점병, 목화노균병에 효과가 있다.

미나리아재비에 30~50배 물을 넣고 우려낸 추출물이나 즙에 40배의 물을 넣어 채소밭에 뿌리면 배추흰나비의 해를 막을 수 있다.

### 삼지구엽초 추출물

삼지구엽초는 해발 100~1,200미터의 나무숲이나 산골짜기에서 자라는 매자나뭇과에 속하는 여러해살이풀이다. 여름에 잎이 붙은 줄기를 베어 그늘에서 말려 식물성 농약 원료로 쓴다.

▶성분

삼지구엽초에는 알칼로이드(마그노플로린), 플라보노이드(이카리인), 사포닌, 카페인산, 페롤라산 따위가 들어 있다.

▶사용방법

삼지구엽초 추출물은 진딧물, 밀줄기녹병, 잎녹병, 감자역병, 목화세균성시듦병, 시듦병 따위를 예방하는 데 효과가 있다. 삼지구엽초를 넣고 5~20배로 우려낸 추출물을 밭에 뿌린다.

### 상사화 추출물

상사화는 산과 들에 나는 수선화과에 속하는 여러해살이풀이다. 약초로도 심는다. 초여름 잎이 시들어갈 때 비늘줄기를 캐서 물에 씻어 햇빛에 말려 식물성 농약 원료로 쓴다.

▶ **성분과 작용**

비늘줄기에 들어 있는 알칼로이드 성분인 리코닌, 리코리치디놀, 리코리시딘은 병해충 구제작용과 지베렐린 생합성 억제작용을 한다.

▶ **사용방법**

비늘줄기에 같은 양의 물을 넣고 찧어서 즙을 만든 다음 밭에 뿌리기 전에 4~6배의 물에 희석해 뿌리거나 비늘줄기를 말려 가루 낸 것을 이슬이 마르기 전에 뿌리면 가루진딧물, 배추흰나비 애벌레, 밤나방, 뽕나무응애, 메뚜기를 잡는 데 효과가 있다.

비늘줄기를 찧어 분토와 섞어 모판에 뿌리면 밤나방, 굼벵이, 토양 해충을 막을 수 있다. 비늘줄기를 넣고 10~20배로 우려낸 추출물을 뿌리면 밀줄기녹병, 밀잎녹병, 감자역병에 효과가 있다. 파리 유충, 모기 유충에도 효과가 있다.

상사화 추출물은 쥐약으로도 만들어 쓴다. 상사화 가루를 톱밥에 섞어 태울 때 나오는 연기는 파리와 모기를 죽인다.

같은 양의 상사화, 국화풀, 달맞이꽃을 섞어 10배로 우려낸 추출물을 뿌리면 28점박이무당벌레의 해를 막을 수 있다.

### 쇠뜨기 추출물

쇠뜨기는 강가, 산 가장자리, 논, 밭두렁에서 자라는 속샛과에 속하는 여러해살이풀이다. 식물성 농약 원료는 여름철에 줄기를 베서 그늘에 말려 쓴다. 포자는 꽃봉오리가 달릴 때 윗부분을 잘라 햇빛에 말려서 쓰는데, 이틀 동안 말리면 꽃봉오리에서 자색의 포자가 나온다.

▶성분과 작용

쇠뜨기에는 알칼로이드(니코틴, 3-메톡시피리딘, 팔루스트린), 사포닌, 에쿠이세토닌, 규산, 유기산(말산, 아코니트산, 옥살산), 플라보노이드, 수지, 타닌질, 쓴맛 성분, 카로틴 따위가 들어 있다. 니코틴과 아코니트산은 해충의 섭식활동을 방해하고 살충작용을 한다.

▶사용방법

포자 600그램에 물 10리터를 넣고 1~2시간 끓인 뒤 거른다. 여기에 비눗물을 0.4퍼센트 풀어 뿌리기 전에 3배의 연한 소금물에 타서 뿌린다. 오이노균병, 녹병, 흰가룻병을 막는다.

잎을 넣고 30배로 우려낸 추출물은 노균병에 효과가 있으며, 뿌리줄기 가루를 직접 뿌리거나 10배의 물에 풀어 뿌리면 배추흰나비에 효과가 있다.

### 애기똥풀 추출물

애기똥풀은 낮은 산기슭과 산골짜기, 길섶에서 자라는 양귀비과에 속하는 두해살이풀이다. 꽃이 피고 열매 맺을 때 애기똥풀을 베서 햇빛에 말려 식물성 농약 원료로 쓴다.

▶ **성분과 작용**

애기똥풀의 기본 유효 성분은 알칼로이드다. 애기똥풀 추출물은 벌레에 신경독작용을 일으켜 죽인다. 또한 항콜린에스테라아제·항미생물·항원충·항진균 작용을 하며, 섭식활동 방해작용을 한다.

▶ **사용방법**

애기똥풀을 넣고 20배로 우려내 만든 추출물은 양배추가루진딧물, 벼잎벌레, 벼메뚜기, 흑명나방, 배추흰나비, 양배추밤나방 유충을 비롯한 해충과 과일나무썩음병, 상추잿빛곰팡이병을 비롯한 여러 병을 막는 데 효과가 있다.

애기똥풀 추출물에 광물질 기름을 0.5퍼센트 정도 섞어 쓰면 효과가 더 좋아진다. 생풀을 썰어 찧고 여기에 10배의 물을 타서 뿌린다. 짓찧은 생풀에 10~15배의 물을 넣고 30분 동안 끓이거나 하루 동안 우려낸 다음 뿌리기 전에 2배의 물에 타서 쓴다.

말려서 가루 낸 애기똥풀은 이슬이 있을 때 잎에 뿌리면 효과가 있다.

### 조뱅이 추출물

조뱅이는 밭과 산, 길섶에서 많이 자라는 국화과에 속하는 두해살이풀이다. 꽃이 필 때 조뱅이를 베서 그늘에 말려 식물성 농약 원료로 쓴다.

▶ **성분과 작용**

조뱅이에 들어 있는 알칼로이드는 휘발성의 독성을 나타내며, 리나린은 항바이러스 활성을 나타낸다.

▶ **사용방법**

조뱅이를 넣고 10배로 우려낸 추출물에 비눗물 0.4퍼센트를 섞어 뿌리면 배추흰벌레와 오이진딧물의 해를 막을 수 있다.

조뱅이 꽃으로 만든 추출물은 살균작용과 생장자극작용을 한다. 이 약물은 토마토세균성혹병, 콩과 세균성혹병, 콩과 세균성시듦병의 균을 주이는 자용을 한다. 조뱅이 꽃 조추출물(약제에서 필요한 성분을 일정한 용매로 추출하고 농축한 뒤 일정 농도로 조제한 조추출물)에 40배의 물을 붓고 씨앗을 2시간 담갔다가 그늘에서 말려 심는다. 조뱅이 꽃 조추출물의 독성 $LD_{50}$(50퍼센트의 치사량)은 흰생쥐에게 먹일 때 3~4g/kg이다.

### 질경이 추출물

질경이는 들이나 길가에서 자라는 질경잇과에 속하는 여러해살이풀이다. 식물성 농약 원료는 꽃이 필 때 잎을 따서 햇빛에 말리고, 씨는 7~8월에 익은 열매를 훑어서 말려 쓴다.

▶**성분과 작용**

질경이 추출물에 들어 있는 기본 유효 성분은 아우쿠빈, 석신산, 콜린, 아데닌, 다당류다. 또한 $C_{25}$, $C_{28}$의 지방족 알코올이 트리아콘타놀과 비슷한 작용을 한다.

▶**사용방법**

질경이를 넣고 3배로 우려낸 추출물은 진딧물, 바구미, 연체해충, 사과응애를 잡는 데 효과가 있다. 질경이를 500~600배로 추출한 추출물은 생장조절제로 씨앗 처리에 쓴다.

질경이와 멀구슬나무 열매를 같은 양으로 섞고 30배의 물을 넣어 30분 동안 달여 만든 추출물은 목화진딧물을 잡는 데 효과가 있다.

### 제충국 추출물

제충국은 국화과에 속하는 여러해살이풀이다. 식물성 농약 원료로 꽃과 잎, 줄기를 쓴다. 꽃은 완전히 피었을 때 따서 햇빛에 빨리 말리며, 잎과 줄기는 꽃을 딴 다음 그늘에 말려서 쓴다. 원료는 자루에 넣어 습기가 없는 곳에 보관한다. 1년이면 유효 성분이 30~40퍼센트 분해된다.

▶성분과 작용

제충국의 기본 유효 성분은 에스테르 성분인 피레트린 I·II와 시네린 I·II다. 피레트린 I·II와 시네린 I·II 성분은 꽃과 잎, 줄기에 들어 있으며, 열매에도 많이 들어 있다. 유효 성분 함량은 꽃이 활짝 피었을 때 가장 높다. 또한 제충국에는 스타키드린, 콜린, 피레트로신, 정유, 수진, 납, 리그난(세사민) 따위도 들어 있다.

제충국 꽃에는 천연 피레트로이드로서, 피레트린 I·II, 시네린 I·II, 자스모린 I·II가 들어 있다. 이들 성분은 해충의 신경계에 작용해 해충을 죽인다. 피레트린은 물에 풀리지 않으나 석유, 에테르를 비롯한 대부분의 유기 용매에 잘 풀리는데, 이는 알칼리에 의해 쉽게 분해되어 에스테르 결합이 끊어지기 때문이다. 피레트린은 접촉·살충 작용이 기본이고 부분적으로는 소화 중독, 훈증 작용도 한다. 피레트린은 식물에 해를 주지 않으며, 사람과 집짐승에게도 독성이 낮다.

제충국 가루는 해충에 신경마비를 일으켜 죽인다. 제충국 가루에 중독된 해충은 신경세포의 내용물이 비게 되며 핵염색질이 망가져 죽는다. 이런 제충국 가루의 장점은 살충작용의 폭이 넓으면서도 정온동물에는 독성이 낮다는 것이다. 그러나 독성분이 쉽게 분해되고 합성하기 힘든 것이 단점이다.

제충국의 독작용은 DDT(dichloro diphenyl trichloroethane)와 비슷하며 저항성이 생긴다. 또한 탈수현상을 일으키는 작용을 한다. 제충국에 들어 있는 세사민은 피레트린의 효능을 높여주는 작용을 한다. 제충국 가루에 세사민이 들어 있는 참깨 기름을 5퍼센트 섞으면 살충효과가 10배 이상 높아진다.

▶ **만드는 방법**

제충국의 꽃 또는 잎과 가지를 잘게 썰어 잘 말린 다음 가루를 낸다. 또는 제충국의 꽃이나 잎과 가지를 잘게 썰고 여기에 석유나 에테르를 1대 10의 비율로 넣어 24~30시간 우려내어 만든 추출물은 걸러 쓰고, 피레트린 성분은 모아 3퍼센트 유제를 만든다.

▶ **사용방법**

제충국 가루는 멸구류, 애벼물명나방, 벼잎벌레, 미국흰불나방, 배추흰나비 애벌레, 진딧물류, 검정등줄벼룩잎벌레, 총채벌레류에 효과가 있다. 제충국 가루는 쓰기 직전에 10~20배의 추출물을 만들어 뿌리거나 10~15배의 활석, 진흙, 규조토, 나무재에 섞어 뿌린다. 또는 가루약 10그램에 비누 40그램을 섞어 물 10리터에 풀어 뿌린다.

제충국 꽃 40그램에 비누 40그램을 섞고 여기에 물 10리터를 넣어 만든 추출물을 뿌리면 병해충의 해를 막을 수 있다.

제충국 꽃가루 7그램을 석유 1.8리터에 넣어 48시간 동안 우려낸 다음 여기에 가루비누 50그램과 물 0.9리터를 넣어 세게 흔들어 약물을 만든다. 이 약물은 뿌리기 전에 2~5배의 물에 타서 그 날 모두 쓰도록 한다.

제충국 꽃가루 50퍼센트, 느릅나무 껍질 가루 48퍼센트, 나프탈렌 1퍼센트, 안료 1퍼센트를 섞어 태우면 모기를 쫓을 수 있다. 제충국 꽃가루 10퍼센트에 유인제(쌀겨 20퍼센트, 벤토나이트 2퍼센트, 볏겨 78퍼센트로 된 것) 90퍼센트를 섞어 만든 가루약을 뿌리면 여러 해충을 유인해 죽이거나 쫓을 수 있다.

제충국 가루를 감자에 뿌리면 감자의 생장이 빨라지고 꽃이삭수가 늘어나며 감자알이 크게 잘 자란다. 제충국을 채소밭에 사이짓기하면 진딧물과 기타 해충의 피해를 막을 수 있다.

▶ **주의점**

열이나 빛에 쉽게 분해되므로 어둡고 서늘한 곳에 보관해야 한다. 공기에 의한 산화를 막기 위해 뚜껑을 꼭 막아야 하며, 될수록 약을 그릇에 가득 채워 넣어야 한다. 알칼리성에 불안정하므로 보르도액, 석회, 유황합제와 섞어 쓰지 말아야 한다. 물에 불안정하므로 가급적 물 추출제, 수회제를 만들지 말며, 부득이 물에 우려 뿌려야 할 때는 그날 다 써야 한다.

### 창포 추출물

창포는 늪과 저수지, 물가에서 자라는 천남성과에 속하는 여러해살이풀이다. 식물성 농약 원료로 쓸 때 뿌리줄기는 가을에 캐서 물에 씻어 햇빛에 말리며, 줄기와 잎은 뿌리줄기를 캘 때 모아 말린다. 석창포도 창포와 같이 쓴다.

▶ **성분과 작용**

창포의 뿌리와 잎, 줄기에는 해충을 죽이는 작용이 강한 화합물인 정유가 많이 들어 있다. 정유는 뿌리줄기와 잎에 들어 있는데, 정유 성분의 하나인 아사론이 기본 활성을 나타낸다.

창포 추출물에 들어 있는 메틸오이게놀은 해충에 대한 강한 유인작용을 하여 해충의 해를 막고 강한 항미생물·항진균 작용을 한다.

▶ **사용방법**

창포 추출물은 가루진딧물, 사과응애, 벼멸구, 모기, 이화명나방을 비롯한 해충과 수수실깜부기병, 감자역병, 밀잎녹병 따위의 병을 막는 데 효과적으로 쓰인다.

창포를 넣고 6배로 우려낸 추출물은 가루진딧물, 사과응애, 양배추가루진딧물, 배추흰나비의 피해를 막는 데 효과가 있다. 창포 10배의 추출물은 사과진딧물, 사과응애, 양배추가루진딧물, 배추흰나비의 피해를 막는 데 효과가 있다. 창포 15~20배의 추출물은 감자역병, 목화마름병, 밀잎녹병을 막는 데 효과가 있다.

창포 가루를 0.25킬로그램씩 천주머니에 넣어 저장 창고의 윗부분과 중간 부분에 놓으면 저장 알곡에 해충이 생기지 않는다. 창포와 멀구슬나무를 같은 양으로 섞어 찧어 만든 즙에 20배의 물을 타서 뿌리면 가루진딧물과 사과응애의 피해를 막을 수 있다. 0.2퍼센트의 캠퍼를 넣은 창포액에 4~6배의 물을 타서 뿌리면 사과응애와 진딧물의 피해를 막을 수 있다.

> 천남성 추출물 및 혼합 약제

천남성은 나무숲에서 자라는 천남성과에 속하는 여러해살이풀이다. 식물성 농약 원료는 가을에 뿌리를 캐서 물에 깨끗이 씻은 다음 썰어서 햇빛에 말린다. 잎과 줄기는 여름철에 베서 쓴다.

▶성분과 작용

천남성의 잎과 줄기에는 사포닌, 플라보노이드와 적은 양의 알칼로이드가, 덩이줄기에는 사포닌(용혈지수 333), 녹말, 안식향산, 아미노산 따위가 들어 있다. 천남성의 기본 유효 성분은 사포닌으로 병충해 구제작용이 강하다.

▶사용방법

천남성은 가루진딧물, 사과응애, 흑명나방, 배추흰나비 애벌레 따위의 해충과 밀줄기녹병, 목화마름병, 볏과 녹병, 감자뿌리썩음병, 채소뿌리썩음병 따위의 여러 가지 병을 막는 데 효과적으로 쓴다.

천남성 덩이줄기에 같은 양의 물을 붓고 찧어 즙을 만든 다음 6배의 물과 비눗물 0.4퍼센트를 섞어 뿌리면 가루진딧물, 사과응애, 흑명나방의 해를 막을 수 있다.

천남성을 넣고 20배로 우려낸 추출물을 뿌리면 진딧물, 배추흰나비 애벌레, 기타 연체 해충과 파리와 모기의 유충이 죽는다. 천남성으로 10~15배로 우려낸 추출물을 뿌리면 양배추가루진딧물, 목화마름병, 볏과 녹병, 감자뿌리썩음병, 채소뿌리썩음병, 줄기썩음병, 밀줄기녹병 따위의 여러 가지 병의 해를 막을 수 있다.

천남성 3대와 상사화 잎, 나팔꽃 잎 각각 한 줌 정도에 물 1.8리터를 넣고 추출한 다음 5그램의 비누를 풀어 넣는다. 이것을 2배의 물에 섞어 뿌리면 노린재와 채소 해충을 비롯해 여러 가지 해충을 막는 데 효과가 있다.

천남성 3대와 찧은 마늘 5쪽, 물 1.8리터를 붓고 추출한 다음 여기에 5그램의 비누를 풀어 넣는다. 이것을 2배의 물에 섞어 뿌리면 채소 해충에 효과가 있다.

천남성 덩이줄기 3.5, 멀구슬나무 0.5, 차나무씨 깻묵 2의 비율로 섞고 여기에 2배의 물을 넣고 추출한 다음 비눗물을 0.2퍼센트 섞어 뿌리면 벼멸구, 채소진딧물, 파리, 모기를 잡는 데 효과가 있다.

천남성 덩이줄기 2, 멀구슬나무 1, 부드러운 흙 10, 캠퍼 0.1의 비율로 섞어 만든 가루약을 이슬이 있을 때 뿌리면 논벼 해충과 채소진딧물을 잡는 데 효과가 있다.

천남성과 피뿌리풀, 반하, 파부초를 각각 같은 양으로 섞어 가루 낸 다음 5배의 물을 넣어 30분 동안 끓인다. 이것을 10~20배의 물에 타서 뿌리면 가루진딧물과 사과응애의 피해를 막을 수 있다.

천남성 혼합 약제의 약효 지속 기간은 7일 정도다. 천남성 혼합 약제는 채소 잎이 4~5잎 나온 다음에 뿌려야 농작물이 약해를 입지 않는다. 약은 4~5일 간격으로 두세 번 뿌리는 것이 좋다. 천남성에는 독성이 있어 천남성이 들어간 약제를 다룰 때에는 반드시 장갑을 껴야 한다.

> 천수국 추출물

천수국은 국화과에 속하는 한해살이풀로, 꽃이 필 때 베서 햇빛에 말려 식물성 농약 원료로 쓴다.

▶ 성분과 작용

천수국에 들어 있는 기본 유효 성분은 $\alpha$-테르티에닐이다. 이밖에도 천수국에는 플라보노이드(타게틴 0.1퍼센트, 켐페리트린)와 카로틴이 들어 있다.

▶ 사용방법

천수국 추출물은 배추흰나비, 당근파리, 양배추파리, 나방류, 바구미류, 선충류를 잡는 데 효과가 있다.

천수국을 넣고 20배로 우려낸 추출물을 만들어 쓴다. 천수국을 넣고 50배로 우려낸 추출물은 농작물 씨앗의 싹트기를 촉진시킨다. 천수국과 옻나무, 상사화, 국화, 달리아, 달맞이꽃 가운데 세 가지를 선택해 추출물을 만들어 뿌리면 28점박이무당벌레를 잡는 데 효과가 있다.

### 파리풀 추출물

파리풀은 파리풀과에 속하는 여러해살이풀로 산기슭이나 들판에서 60센티미터 정도 자란다. 파리풀은 꽃이 필 때 줄기를 베서 햇빛에 말리거나 가을에 뿌리를 캐서 물에 씻어 햇빛에 말려 식물성 농약 원료로 쓴다.

▶ **성분과 작용**

파리풀에 들어 있는 기본 유효 성분은 사포닌과 쿠마린이다. 뿌리에 들어 있는 프리마롤(불포화 시토스테롤), 프리마롤린, 렙토스타치올 아세테이트도 유충 발육을 억제한다. 그리고 파리풀은 소화중독작용과 접촉독작용을 하며, 식물에 약해를 주지 않고 사람에 대한 독성은 거의 없다.

▶ **사용방법**

파리풀 추출물은 벼잎벌레, 줄점팔랑나비, 벼메뚜기, 멸강나방 따위를 예방하는 데 효과가 있다. 파리풀 뿌리 가루를 50~200배의 물에 풀어 뿌리면 벼잎벌레, 줄점팔랑나비, 벼메뚜기, 멸강나방을 잡는 데 효과가 있다.

생파리풀을 찧어 5~10배의 물을 넣고 1~2일 우려낸 다음 천으로 받아서 논에 뿌리면 벼잎벌레의 해를 막을 수 있다. 파리풀 즙을 밥에 버무려놓으면 파리가 먹고 죽는다.

파리풀을 넣고 5~10배로 우려낸 추출물은 배추흰나비, 파리, 흑명나방의 유충, 갉아먹는 벌레류, 미국흰불나방류의 유충을 잡는 데 효과가 있다. 파리풀을 넣고 15~20배로 우려낸 추출물은 밀줄기녹병, 잎녹병, 감자역병, 잎마름병에 효과가 있다.

### 할미꽃 추출물

할미꽃은 산과 들에서 자라는 미나리아재빗과에 속하는 여러해살이풀이다. 식물성 농약 원료는 가을에 할미꽃 뿌리를 캐서 물에 씻어 햇빛에 말려 쓴다.

▶ **성분과 작용**

할미꽃 뿌리에는 병해충 구제 활성 성분인 아네모닌, 타닌질, 사포닌이 들어 있다.

할미꽃 추출물은 살충작용을 하며 푸사륨병균, 곰팡이병균을 억제하는 작용을 한다. 프로토아네모닌과 아네모닌은 항미생물·항진균 바이러스를 막는 작용을 한다.

▶ **사용방법**

할미꽃 뿌리를 넣고 3~15배로 만든 추출물은 진딧물, 밤나방, 연체 해충, 모기 유충, 가루진딧물, 양배추가루진딧물, 배추흰나비 애벌레, 오이진딧물과 밀잎녹병, 고구마역병을 막는 데 효과가 있다.

### 쑥 추출물

쑥은 낮은 산과 산기슭, 들 따위에서 많이 자라는 국화과에 속하는 여러해살이풀이다. 꽃이 필 때 잎 또는 잎이 붙은 위의 가지를 베서 햇빛에 말려 식물성 농약 원료로 쓴다. 비쑥, 사철쑥, 산토닌쑥, 개똥쑥, 아브신트쑥, 제비쑥 따위의 40여 종의 쑥도 이와 같은 목적으로 쓸 수 있다.

▶성분과 작용

쑥 추출물의 기본 유효 성분은 정유, 페놀, 타닌, 쿠마린, 유기산, 콜린, 아데닌, 트리아콘타놀, 살리실산, 베타인 따위다. 이 성분들은 해충의 피해를 막고 잡초를 없애는 작용을 한다. 옅은 농도의 쑥 추출물은 농작물에 생장자극작용을 한다.

▶사용방법

쑥 추출물은 벼물바구미, 조명나방, 검정등줄벼룩잎벌레, 진딧물, 배추흰나비, 이화명나방 따위와 같은 다양한 해충과 목화마름병, 밀녹병, 감자역병, 도열병을 막는 데 쓴다.

쑥을 넣어 2~10배로 우려낸 추출물은 벼물바구미, 조명나방, 검정등줄벼룩잎벌레, 진딧물, 배추흰나비, 이화명나방, 28점박이무당벌레, 가루진딧물, 사과진딧물, 모기, 파리, 사과응애를 잡는 데 효과가 있다. 쑥으로 만든 20~30배의 추출물은 목화마름병, 밀녹병, 감자역병, 도열병, 옥수수깜부기병, 키다릿병에 효과가 있다.

쑥 추출물은 낮은 농도에서 씨앗 처리를 하는 데 쓰는데, 쑥으로 만든 50~100배의 추출물로 씨앗 처리를 하면 씨앗으로 퍼지는 여러 가지 병을 막을 수 있다. 그리고 벼나 옥수수모 잎이 1~1.5잎 나왔을 때 뿌리면 모가 잘 자라며, 모를 옮겨 심은 뒤 조절비료 또는 이삭비료를 주는 시기에 7~10일 간격으로 잎에 뿌리면 잎 색깔이 진해지면서 윤기가 나고 단단해지며 넓어지고 농작물의 전반적 생육이 좋아져 수확이 좋아진다. 과일나무에도 뿌려주면 늦가을까지 잎이 푸르며 냉해와 가뭄에 견디는 힘이 강해진다. 또한 쑥 추출물을 논밭에 여러 번 뿌리면 잡초의 생장이 억제되어 잡초가 자라지 못한다.

쑥을 태우면 연기에 모기, 진딧물, 파리, 창고명충나비가 달아난다. 약쑥 가루 10퍼센트, 들국화 가루 40퍼센트, 광물질 가루 42퍼센트, 톱밥 8퍼센트, 향료와 염소산칼륨을 약간 넣어 태우면 모기를 비롯한 해충을 쫓고 창고와 방 안의 미생물을 죽인다. 이 같은 효과는 다음과 같이 얻을 수 있다. 쑥과 소나무 잎 가루를 3대 7의 비율로 섞은 것 1킬로그램에 5퍼센트 알긴산나트륨 용액 1리터와 적은 양의 물에 푼 염소산칼륨 50그램을 넣는다. 여기에 200~300밀리리터 정도의 물을 더 넣고 반죽하여 굵기 2~3밀리미터, 길이 25~30센티미터 되게 만들어 말린다. 이것을 태우거나 마분지 원통(지름 3센티미터, 높이 6센티미터)에 원료를 다시 넣고 가운데에 지름이 8~10밀리미터 되는 구멍을 내어 말린 다음 태우면 된다. 또한 미생물에 대한 작용도 살균작용에 못지않다.

 아브신트쑥과 닭똥을 넣고 10배로 우려낸 추출물(1~2일간 추출한 것)을 같은 양으로 섞고 걸러서 7일 간격으로 두 번 뿌리면 사과속벌레, 잎을 갉아먹는 유충의 해를 막을 수 있다. 10배로 우린 아브신트쑥 추출물에 같은 양의 물을 넣어 뿌리면 여러 가지 채소 해충과 과일나무속벌레, 파검은곰팡이병, 벼뿌리썩음병, 감자역병, 감자뿌리썩음병의 피해를 막을 수 있다.

 산토닌쑥과 볏짚을 넣고 5배로 우려낸 추출물을 같은 양으로 섞고 비누를 0.4퍼센트 섞는다. 쓰기 전에 10배의 물에 타서 뿌리면 벼물바구미와 기타 연체 해충을 잡는 데 효과가 있다.

 사철쑥을 넣고 5배로 우려낸 추출물을 뿌리면 진딧물, 28점박이무당벌레, 모기, 파리를 잡는 데 효과가 있다. 이것은 쑥 추출물과 같은 생장자극제 효과도 있다. 사철쑥에 들어 있는 캐필린은 강한 항미생물작용을 하며 아세틸렌 화합물인 캐필렌, 캐필린, 캐필라린이 엽록소 분해를 억제하여 식물의 노화를 늦춘다. 또한 사철쑥에 들어 있는 방향족 카복실산인 캐필라롤, 페닐프로펜산, 페닐프로판산, 페닐아세트산은 볏모의 뿌리 생장을 촉진시킨다.

 쑥을 넣고 5~10배로 우려낸 추출물에 비눗물 0.4퍼센트를 섞어 뿌리면 진딧물과 밀녹병의 피해를 막을 수 있다.

### 명아주 추출물

명아주는 명아줏과에 속하는 한해살이풀이다. 꽃이 지고 푸른 열매가 많이 열렸을 때 위의 가지와 줄기를 베서 식물성 농약 원료로 쓴다. 명아주로 정유를 생산할 경우 절반 정도 말리고 수증기로 증류한다.

▶ **성분과 작용**

명아주의 유효 성분은 정유인 아스카리돌이다. 정유는 줄기에 0.01퍼센트, 잎에 0.3퍼센트, 열매이삭에 3.59퍼센트 들어 있다. 명아주의 정유 성분은 꽃이 왕성하게 피고 열매가 열리기 시작할 때 높고, 꽃이 지고 열매가 여물수록 낮아진다.

아스카리돌은 벌레의 근육을 흥분 또는 마비시켜 유충을 죽인다. 정유는 신경계통에도 작용한다.

▶ **만드는 방법**

정유는 명아주 옹근풀 또는 열매를 수증기로 증류하여 얻는다. 이때 아스카리돌의 분해를 막기 위해서는 가급적 증기압을 높이고 짧은 시간에 증류해야 한다.

물속에서 감압 증류하는 것이 좋다. 이때 처음과 맨 나중에 나오는 것은 버린다. 이렇게 받은 정유에는 아스카리돌이 60~70퍼센트 이상 들어 있다. 정유는 누른색 또는 누른 감색을 띤 맑은 액체인데, 햇빛이 비치지 않는 서늘한 곳에 보관해야 하며 뚜껑을 잘 막아야 한다.

▶**사용방법**

명아주 정유 500~1,000배의 약물은 진딧물을 잡는 데 효과가 있다. 명아주 꽃과 잎을 넣고 50배로 우려낸 추출물은 모기 유충을 죽이며 말려서 가루 내어 훈증제로도 쓴다. 명아주를 넣고 5배로 우려낸 추출물(두 번 달인다)을 뿌리기 전에 10배의 물에 섞어 뿌린다. 이것은 벼잎물가파리, 이화명나방, 담배모자이크바이러스병에 효과가 있다.

명아주를 넣고 10배로 우려낸 추출물과 명아주의 잎, 열매를 가루 내어 이슬이 있을 때 과일밭에 뿌리면 사과응애, 사과진딧물을 잡는 데 효과가 있다.

### 여뀌 추출물

여뀌는 마디풀과에 속하는 한해살이풀이다. 꽃이 필 때 옹근풀을 베서 햇빛에 말려 식물성 농약 원료로 쓴다.

▶**성분과 작용**

여뀌 추출물에는 살충작용을 하는 사포닌, 안트라키논, 타닌질, 플라보노이드가 들어 있다. 여뀌 추출물은 접촉독작용으로 벌레를 죽인다.

▶**사용방법**

여뀌를 넣고 10~30배로 우려낸 추출물은 양배추가루진딧물, 배추휜나비를 잡는 데 효과가 있다.

여뀌 가루를 천주머니에 넣어 보관하는 알곡 더미 사이사이에 놓아두면 해충의 피해를 막을 수 있다. 또 보리와 여뀌 가루를 골고루 섞어 햇빛에 말려 알곡 보관 그릇의 밑과 위에 볏짚 재를 깔고 놓아두면 화랑곡나방과 해충의 해를 막을 수 있다.

### 익모초 추출물

익모초는 길섶과 들, 풀밭, 산기슭에서 자라는 꿀풀과에 속하는 두해살이풀이다. 꽃이 피기 전인 5~6월에 줄기를 베서 그늘에 말려 식물성 농약 원료로 쓴다.

#### ▶성분과 작용

익모초에는 유효 성분인 피토스테롤, 정유, 사포닌, 유기산, 타닌, 알칼로이드인 레오누린과 스타키드린, 콜린, 쿠마린, 플라보노이드(루틴 0.07퍼센트)가 들어 있다. 익모초 추출물은 병해충의 피해를 막는 작용을 한다.

#### ▶사용방법

익모초를 넣고 8배로 우려낸 추출물에 6배의 물을 넣어 뿌리면 진딧물을 잡는 데 효과가 있다. 익모초를 넣고 10~20배로 우려낸 추출물을 뿌리면 도열병, 밀줄기녹병, 밀잎녹병, 감자역병을 막는 데 효과가 있다.

### 달래 추출물

달래는 백합과에 속하는 여러해살이풀이다. 5~6월에 땅속의 비늘줄기째 캐서 말려 식물성 농약 원료로 쓴다.

▶성분과 작용

달래의 잎과 비늘줄기에는 파와 비슷한 정유 성분이 들어 있다. 정유 성분이 해충과 병원균에 살충·살균 작용을 하며, 미생물을 막는 작용도 한다.

▶사용방법

달래를 넣고 40배로 우려낸 추출물은 양배추가루진딧물, 옥수수깜부기병을 예방하는 효과가 있다. 달래 추출물에 옥수수 씨앗을 15~20시간 담가 처리하면 옥수수깜부기병을 막을 수 있다.

## 해조류로 만든 식물성 농약

### 스피룰리나 추출물

스피룰리나는 바닷물(특히 알칼리성 바닷물)과 염도가 높은 열대지방의 더운 물에서 자라는 흔들말과에 속하는 남조류다. 생으로 쓰거나 햇빛에 말려 식물성 농약 원료로 쓴다.

▶성분과 작용

스피룰리나에는 물에 풀리는 다당류, 단백질, 여러 가지 아미노산, 비타민, 무기질 섬유소가 많이 들어 있다. 병충해 예방작용과 식물 생장자극작용을 한다.

▶사용방법

스피룰리나로 만든 2퍼센트의 추출물을 옥수수 씨앗에 처리하면 모가 잘 자라며 수확을 높인다.

### 다시마 추출물

다시마는 다시맛과에 속하는 갈조류다. 5~6월에 2년생 다시마를 생산할 때 부산물을 거두어 햇빛에 말려 식물성 농약 원료로 쓴다.

▶성분과 작용

다시마에 들어 있는 푸코이딘, 알긴산은 바이러스를 막는 작용을 한다. 만니톨을 비롯한 당질은 농약과 비료의 활성을 높여주는 작용과 소금기에 견디는 힘을 강하게 해주는 작용을 한다. 또한 생물체 안에서 콜린과 비슷한 작용을 한다.

▶사용방법

다시마를 넣고 20~100배로 우려낸 추출물을 쓰면 진딧물, 배추흰나비, 담배모자이크바이러스병에 효과가 있다.

다시마로 우려낸 200배의 추출물을 농작물 잎에 뿌리거나 밭에 뿌리면 농작물이 빨리 자라며 품질도 좋아진다.

## 제품 형태의 식물성 농약

### 인돌아세트산(헤테로옥신)

인돌아세트산은 녹는점이 164~165도인 무색의 결정이다. 이것은 알코올, 에테르, 아세트산에틸에는 잘 녹지만 찬물, 벤졸, 클로로포름, 휘발유에는 잘 녹지 않는다.

인돌아세트산은 여러 가지 시약에 매우 불안정하며 공기 속에서 점차 분해되어 붉은색을 띤다. 밀폐 용기에 넣어 어두운 곳에 놓아두면 여러 해 동안 보관할 수 있다. 인돌아세트산의 수용액은 불안정하므로 바로 생리적 활성을 잃는다.

동물 실험을 할 때 급성 독성 $LD_{50}$은 250~450mg/kg이며, 어독성(fish toxicity)은 약하다. 인돌아세트산은 식물의 잎과 줄기에 침투되어 이동한다. 식물체 안에서 인돌아세트산의 이동은 주로 극성을 띠는데, 중력이 작용하는 방향에 따라 위에서부터 아래로 이동한다. 이때 이동 속도는 시간당 0.1~0.5센티미터다.

인돌아세트산은 식물체 안에서 유리형과 결합형으로 존재한다. 일정 조건에서 결합형 옥신은 유리형으로 넘어갈 수 있으며, 유리형 옥신은 다른 물질과 복합체를 만들면서 결합형으로 넘어갈 수 있다. 식물체 안에서 생장자극을 나타내는 기본 형태는 유리형이다. 유리형은 조직이 어릴 때 많으며 결합형은 늙었을 때 많다. 인돌아세트산은 식물체 안에서 단백질과 핵산의 합성을 조절하는 유전인자에 영향을 준다. 인돌아세트산의 영향 아래 핵산 또는 구조적 단위인 뉴클레오티드의 합성이 강화되면서 단백질의 생합성이 촉진된다.

인돌아세트산은 세포벽을 유연하게 하여 가소성을 높임으로써 물을 잘 흡수하게 하며, 세포 생장을 촉진하고, 세포 분열과 분화에 영향을 주며, 잠자는 씨앗에서 결합형으로 있다가 활성화되어 싹트기를 촉진한다. 뿐만 아니라 뿌리 내리기와 꽃 피기, 열매 맺기 및 발육을 촉진하고, 과일이 떨어지는 것을 막으며, 열매를 솎음하거나 씨 없는 열매를 얻는 데 효과가 있다.

▶ 만드는 방법

식물체에서 옥신을 분리하는 방법에는 두 가지가 있다. 하나는 적은 양의 옥신 시료를 시험관 속 한천 위에 펴놓아 옥신이 한천에 퍼지게 하는 것이고, 다른 하나는 식물 조직을 미리 알칼리, 산, 트립신, 리파아제 따위의 효소로 물을 분해시켜 옥신을 얻는 것이다. 인돌아세트산은 보릿짚에서 얻은 알칼로이드 성분인 글라민 또는 옥수수눈으로 만들 수 있다.

인돌아세트산은 인돌에 폼알데하이드가 사이안화나트륨을 작용시켜 만든다. 50퍼센트 포르말린 100그램을 사이안화나트륨 용액 65그램에 물 1,000리터를 부은 용액에 섞는다. 이 혼합액에 인돌 117그램을 알코올 100밀리리터에 넣는다. 반응 혼합액을 150도(0.9~1.0MPa)의 가마에서 4시간 동안 반응시키면 나이트릴이 얻어진다. 이 반응물을 산성으로 만들면 녹는점이 164~165도인 인돌아세트산을 얻을 수 있다.

▶**사용방법**

인돌아세트산은 곡류, 채소, 공예 작물과 과일나무 재배에서 발아와 생장 및 결실을 빠르게 하고, 심은 나뭇가지의 뿌리를 빨리 내리게 하며, 씨 없는 열매를 얻고 열매가 떨어지는 것을 막는다.

농작물의 씨앗을 10~100ppm의 인돌아세트산 용액으로 4~24시간 처리해 심으면 싹이 골고루 빨리 나고 많은 수확을 기대할 수 있다. 씨앗을 0.05퍼센트 인돌아세트산으로 처리하면 뿌리가 빨리 내리고 잎과 암꽃 수가 많아진다.

사탕무 씨앗을 20도에서 10ppm의 인돌아세트산 용액에 48시간 담갔다가 심으면 설탕 함량이 0.4퍼센트 정도 많아진다. 토마토와 포도, 과일나무에 0.05~0.1퍼센트 인돌아세트산 용액을 뿌리면 열매가 빨리 여물며 씨 없는 열매가 열린다.

양파 종자를 0.08퍼센트 인돌아세트산으로 처리하면 싹트는 힘이 21퍼센트, 싹트는 비율이 5~34퍼센트, 수확이 35퍼센트 더 좋아진다. 당근 씨앗을 0.06퍼센트 인돌아세트산 용액에 하루 동안 담갔다가 꺼내어 부슬부슬하게 말린 다음 심으면 싹트는 힘이 16퍼센트, 싹트는 비율이 20퍼센트, 수확량이 20퍼센트 더 좋아진다.

사과, 배와 같은 과일나무를 옮기거나 가지를 잘라 심을 때 인돌아세트산으로 처리하면 뿌리가 빨리 자란다. 즉 묵은 가지는 50~200ppm의 인돌아세트산 용액에 12~24시간, 햇가지는 50~70ppm의 인돌아세트산 용액에 6~8시간 처리해 심으면 뿌리가 빨리 내린다. 양배추나 토마토, 담배의 모도 5~20ppm의 인돌아세트산 용액에 4~6시간 처리해 심으면 수확이 좋아진다.

나무를 접할 때에도 접그루에 10ppm의 인돌아세트산 알코올 용액(50퍼센트 알코올)을 천에 적셔 1~15분 붙이거나 양털기름 1그램에 인돌아세트산 5~10밀리그램을 넣고 고약제를 붙이면 접이 빨리 된다.

사과, 양벚, 복숭이 따위의 열매를 솎을 때는 20~40ppm의 인돌아세트산 용액을 쓰며, 열매가 떨어지는 것을 막을 때는 10ppm의 인돌아세트산 용액을 쓴다. 감자알을 0.0025~0.005퍼센트 약물에 담갔다가 심으면 생육이 좋아진다.

인돌아세트산은 쓰기 직전 물에 타서 써야 하며, 분해되기 쉬우므로 반드시 뚜껑을 막고 그늘진 곳에 보관해야 한다.

> 레시틴 에멀션

양성 계면 활성제로 해충과 미생물의 세포막과 세포벽에 붙어 해충의 물질대사에 영향을 주어 병해충을 잡는 작용을 한다. 또한 과일나무에서는 열매를 솎아주는 작용을 한다.

▶ 만드는 방법

콩기름 찌꺼기를 40~50도에서 하루 이상 놓아두었다가 기름과 물을 거른다. 콩기름 찌꺼기에 아세톤을 1대 1의 비율로 섞은 다음 30분간 두었다가 아세톤 추출액을 여과하고 여기에 다시 아세톤을 넣어 콩기름 찌꺼기를 진공건조기에서 말린다.

말린 콩기름 찌꺼기에 2배 정도의 알코올을 넣고 40~50도에서 30분간 놓아둔 뒤 알코올 추출액을 여과하고 다시 알코올을 1대 1로 넣고 앞에서와 같은 방법으로 비중이 0.8이 될 때까지 추출한다. 추출액을 모아 상온에서 하룻밤 놓아두었다가 위층의 액을 총량의 4분의 1에서 5분의 1이 남을 때까지 농축한다. 농축액을 상온까지 냉각시키고 여기에 10배 양의 아세톤을 넣고 저으면서 진공, 건조하여 레시틴을 얻는다.

▶ 사용방법

레시틴 에멀션은 채소류의 진딧물, 흰가룻병을 막는 데 쓴다. 5~7월 사이에 5일 간격으로 열 번 정도 뿌려준다. 토마토역병, 오이탄저병을 막기 위해서는 레시틴을 200~350배 약물로 물에 타서 뿌린다.

레시틴 에멀션은 과일나무 열매 솎음제로도 쓴다. 복사나무는 꽃이 30퍼센트 정도 피었을 때 0.23~0.9퍼센트의 레시틴 약물을, 감나무는 꽃가루받이를 한 다음 24시간 전에 2.8퍼센트의 레시틴 약물을 처리한다.

### 염화콜린 물약(2퍼센트, 30퍼센트)

보통 콜린은 고기 비린내가 나는 점도가 높은 액체다. 염기성과 흡수성이 강하며 물에 잘 녹는다. 농작물의 광합성을 빠르게 하고 수확을 높인다. 또 냉해, 가뭄, 염, 병해충에 견디는 힘을 높일 뿐 아니라 감자와 고구마 알을 크게 하며, 과일나무의 열매 색을 예쁘게 하고 당분 함량을 높인다.

콜린은 식물에 널리 들어 있는 성분으로 농작물의 씨앗류(쌀겨 130밀리그램, 콩 300밀리그램, 밀눈 410밀리그램), 볏과 식물의 잎과 지상부, 해바라기 뿌리, 도꼬마리의 줄기와 뿌리, 쑥과 나무류의 잎, 양배추(250밀리그램), 시금치(238밀리그램), 버섯류(20~70밀리그램)에 들어 있으며, 레시틴의 조성으로 들어 있는 것이 많다.

▶ 만드는 방법

쌀겨를 우려 만들거나 화학적 합성방법으로 만든다. 많은 식물을 우려낸 추출물에는 콜린이 적지 않게 우러나와 주요한 작용을 한다.

▶**사용방법**

염화콜린 물약을 볍씨에는 100ppm이나 200ppm 농도로, 볏모 잎에는 1,000ppm 농도로 처리하면 모가 튼튼히 자란다.

2퍼센트 염화콜린 1,000배 약물로 감자, 고구마 종자를 24시간 처리하면 싹이 빨리 트고 알이 일찍 열리며 잘 자란다. 고구마, 마늘, 양파의 수확량을 높이기 위해 30퍼센트 염화콜린 200~300배 약물을 정보당 1,000리터 뿌려준다.

잎채소를 수확하기 30일 전에 30퍼센트 염화콜린 300배 약물을 정보당 1,000리터 뿌려주면 채소가 빨리 자라고 수확량이 높아진다. 과일나무는 과일 수확 30일 전에 30퍼센트의 염화콜린 200~300배 약물을 정보당 3,000리터 뿌려주면 열매가 빨리 자라고 과일색이 고와지며 당분 함량이 높아진다.

### 클로르메쿼트

클로르메쿼트(chlormequat : ccc)는 콜린으로 만들며, 농작물 생장 억제작용을 한다. 비교적 안정하므로 요소 유도체, 페녹시계 약제와 섞어 쓸 수 있다. 그러나 살초제인 디시피에이(DCPA)와 섞어 쓰면 농작물에 약해를 준다.

클로르메쿼트는 옥신과 지베렐린의 선구물질인 카우렌에서 지베렐린으로 넘어가는 과정을 억제하고 색소의 합성과 광합성, 미토콘드리아의 인 산화 활성에 영향을 준다. 클로르메쿼트 처리를 한 식물은 키가 작고 줄기가 굵으며 잎이 진한 풀색을 띠면서 튼튼해진다. 클로르메쿼트는 식물체 안에서 효소의 영향을 받아 콜린클로리드, 콜린, 베타인으로 분해된다.

클로르메쿼트 분해 산물은 지방대사에 참가하며 인산 이동에 영향을 준다. 농작물에 클로르메쿼트를 처리하면 병(밀·보리의 녹병, 흰가룻병, 깜부기병, 감자역병, 벼키다릿병), 추위, 가뭄, 염에 대해 견딜성이 좋아진다.

사람과 동물에는 독성이 적다. 정온동물에 대한 $LD_{50}$은 700mg/kg인데 여러 가지 방법으로 시험한 것에 따르면 피해가 없다.

▶ **사용방법**

클로르메쿼트 0.5~1퍼센트 약물로 밀·보리 씨앗을 14~24시간 치리한다. 클로르메쿼트로 씨앗을 처리하면 뿌리가 많아지며 깊이 뻗는다. 그 결과 수확량이 10~17퍼센트 이상 좋아진다.

감자가 무성하게 보람 없이 자랄 때(심은 뒤 60일경) 0.1~0.2퍼센트 클로르메쿼트 약물을 정보당 600리터 뿌리면 감자알이 빨리 자라고 단백질 함량이 많아지며 수확량도 좋아진다.

과일나무 꽃눈 분화 시기에 클로르메쿼트 0.2~0.8퍼센트 약물로 처리하면 햇가지 생장이 억제되고 꽃눈 분화가 빨라진다. 뿐만 아니라 추위에 견디는 힘도 강해진다. 어린 과일나무에 0.5~1.2퍼센트 약물로 처리하면 꽃눈 분화가 빨라져 4년생부터 많은 과일을 딸 수 있다.

다래가 생길 때 정보당 제품 양으로 0.25~0.5킬로그램을 물에 풀어 쓰면 키가 작아지고 잎 면적이 넓어지며 수확이 높아진다.

열매채소에 클로르메쿼트 처리를 하면 헛자라기가 방지되고 암꽃이 많이 생긴다. 온실채소에 햇빛 부족으로 인한 헛자라기를 막기 위해 0.3퍼센트 약물을 세 번 뿌리면 줄기가 짧아지고 굵어져 튼튼한 모를 키울 수 있으며 병에 대한 저항성을 높이고 당 함량을 높인다.

### 유산니코틴 용액(40퍼센트)

▶ **만드는 방법**

담배 찌꺼기 가루 100에 소석회 15의 비율로 잘 섞은 다음 증류솥에 넣고 물을 약간 넣은 다음 끓인다. 수중기에서 증류되어 나오는 니코틴을 50퍼센트 유산에 흡수시켜 3~5퍼센트의 니코틴 용액을 얻는다. 이것을 다시 졸여 40퍼센트 되는 유산니코틴 용액을 얻는다.

▶ **사용방법**

유산니코틴 용액은 진딧물, 이화명나방, 노린재, 벼잎파리, 흑명나방, 나무이를 잡는 데 효과가 있다. 채소에는 500~800배, 사탕무에는 1,000~1,200배, 과일나무에는 700~1,000배의 액으로 물에 희석해 뿌린다.

▶**주의점**

유산니코틴은 알칼리성에서 유리 염기로 되어 날아가고 빨리 분해되므로 보르도액, 석회유황합제, 석회와 같은 알칼리성 농약과 섞어 쓰면 안 된다.

### 트리아콘타놀

트리아콘타놀(triacontanol)은 납의 구성 성분이며, 식물에 널리 들어 있다. 식물성 농약의 원료인 볏짚에 64밀리그램, 쑥에 40밀리그램, 졸참나무 잎에 32밀리그램, 솔잎에 26.6밀리그램이 들어 있다. 이 밖에도 버즘나무 잎, 은행나무 잎, 버드나무 잎 따위의 많은 나뭇잎류와 옥수수, 밀, 보리, 호박, 사탕무, 해바라기, 목화의 잎과 줄기 같은 농작물 부산물, 자주개자리, 결명차, 차풀, 닭의장풀과 같은 풀류의 잎과 줄기 따위에도 들어 있다.

트리아콘타놀의 녹는점은 85.5~86.5도이고, 트리아콘타놀의 에틸아미드의 녹는점은 69~70도다. 물에는 거의 녹지 않으며 차가운 에탄올과 벤졸에도 잘 녹지 않는다. 실내 온도에서 물에 대한 녹는점은 10ppm이다. 에테르, 클로로포름, 디클로로메틸 및 더운 벤졸에는 잘 녹는다. 빛과 공기 알칼리에는 안전하다.

트리아콘타놀의 작용효과는 합성생장자극제보다 빨리 나타난다. 트리아콘타놀은 식물체 안에서 인돌아세트산 재분배에 영향을 주어 질소대사를 강하게 한다. 또한 세포 분열을 빠르게 하여 뿌리가 나는 것을 좋게 하므로 농작물의 생육에 좋은 작용을 한다. 자료에 따르면 트리아콘타놀 용액으로 처리했을 때 논벼의 수확량은 5~15퍼센트, 옥수수는 11~24퍼센트, 강낭콩은 3~16퍼센트, 토마토는 5~20퍼센트, 당근은 3~16퍼센트, 오이는 6~15퍼센트 높아졌다.

트리아콘타놀 용액은 사람과 집짐승에는 해가 없는 안전한 약제다.

▶ **만드는 방법**

트리아콘타놀은 자주개자리나 밀랍을 우려서 얻거나 합성해 만든다. 자주개자리를 찧어 짜낸 즙을 천천히 저어주면서 80~90도에서 1시간 동안 가열하면 순두부 모양의 앙금이 생기는데, 이것을 거르고 물을 짜낸 뒤 자연 조건에서 말린다.

응결물질을 가루 내어 추출 장치에 넣고 여기에 트리클로로에탄을 1대 3의 비율로 넣어 86~87도에서 35시간 동안 처리해 추출한다. 추출물을 증류하고 남은 용액을 100~105도에서 1시간 동안 말린다.

말린 지방질의 찌꺼기를 교반기가 달린 반응기에서 가성소다를 넣고 비누화한다. 비누화 반응이 끝나면 반응기를 50~55도로 식히고 같은 온도의 물과 벤졸을 넣는다. 이것을 5분 동안 저어주고 15분 동안 놓아둔다.

벤졸층을 취해 용매를 회수하고 불비누화물을 아세톤에 넣은 다음 1시간 동안 되돌려서 푼다. 10시간 동안 놓아두었다가 추출된 불비누화물을 걸러 55~60도에서 1시간 말리고 가루 낸다.

0.125~0.160밀리미터 크기의 가루로 만든 알루미나를 180~200도에서 2시간 동안 활성화한 다음 탑(3×40센티미터)에 채워 넣고 탑의 온도를 92도로 유지하면서 디클로로에탄으로 알루미나를 적신다. 디클로로에탄에 불비누화물을 섞어서 알루미나 탑 위에 붓고 디클로로에탄으로 녹인다. 트리아콘타놀이 녹아 나오는 유분을 모아 용매를 회수하면 트리아콘타놀이 얻어진다. 녹는점은 86.5~87.5도다.

자주개자리 생풀 10킬로그램에서 트리아콘타놀 4그램을 얻을 수 있다.

▶사용방법

트리아콘타놀은 주로 논벼, 옥수수, 채소 작물, 고추, 강낭콩의 생장을 촉진시키는 데 쓴다. 볏모는 모내기 9~10일 전에, 옥수수는 잎이 3~4잎 났을 때 500배 액을 만들어 모판 3.3제곱미터당 0.4리터씩 뿌려준다. 농작물의 잎이 2~3잎일 때 뿌리거나 비료에 섞어준다.

자주개자리 가루를 그대로 쓸 때는 씨 뿌리는 시기 또는 모 옮겨 심는 시기에 정보당 110~120킬로그램을 밑 비료와 함께 준다.

온실 작물에는 본엽이 2~3잎 났을 때 0.01~1ppm의 트리아콘타놀을 전면에 뿌려준다. 보리, 옥수수, 토마토에는 0.01~0.1ppm, 논벼, 고구마, 강낭콩에는 0.1~1ppm의 농도로 뿌리는 것이 좋다.

### 알란토인

알란토인은 아연염을 유효 성분으로 하는 식물 생장촉진제의 하나다. 흰색의 결정성 물질이며 냄새도 맛도 없는 약제로, 녹는점은 230도다. 보통 온도의 물에는 0.5퍼센트 녹고 더운 물에는 9퍼센트 정도 녹으며, 알코올과 에테르에는 잘 녹는다. 포화상태 용액의 pH는 5.5다.

알란토인은 200도의 높은 온도와 빛, 누기에도 비교적 안정하다. 잎과 뿌리, 줄기를 통해 식물체에 흡수되고 성장점으로 이동되어 식물을 빨리 자라게 한다. 특히 어린 줄기, 잎, 꽃, 뿌리가 생길 때 특이적으로 작용된다.

알란토인은 씨앗의 발아를 빠르게 하고 새로운 뿌리를 많이 내리게 하며, 대를 굵게 하고 알의 질량을 높인다. 알란토인은 콩 뿌리에서 탄수화물의 소비가 많아져 질소화합물의 과잉 상태가 이루어질 때 암모니아의 피해로부터 독을 없애는 작용을 한다.

알란토인은 고구마 싹을 옮겨 심거나 팔월풀(국화과에 속하는 여러해살이풀)을 가지로 옮겨 심을 때 처리하면 뿌리 붙임이 잘 되고 성장이 촉진된다.

사과나무에 알란토인을 처리하면 꽃과 열매가 적게 떨어지고,

앵두에 처리하면 익는 기간이 빨라진다.

알란토인은 잎과 뿌리, 줄기를 통해 침투되며 침투된 뒤 성장점으로 이동되면서 분얼, 발근, 잎과 꽃이 빨리 이루어지게 한다. 이 약제는 엽록소 함량을 높이는 작용을 한다.

▶ 만드는 방법

컴프리에 메틸알코올을 넣고 추출해 만든다. 둥근 플라스크에 컴프리 1킬로그램과 메틸알코올 2.5리터를 넣고 끓인다. 용액이 3분의 1 정도로 줄어들면 걸러서 찌꺼기에 다시 메틸알코올을 넣고 앞에서와 같은 방법으로 추출한다. 이렇게 세 번 추출한 용액을 한데 합쳐 수분을 날려 말린다. 이것을 정제하면 알란토인이 얻어진다.

또한 알란토인은 요소를 물에 녹이고 여기에 과망간산칼륨을 작용시켜 거른 다음 맑은 용액에 아세트산을 작용시켜 만든다.

▶ 사용방법

알란토인염 생장촉진제는 농작물의 씨앗 발아와 생장을 빠르게 하고 정보당 수확을 높이기 위해 쓴다.

볍씨는 0.1퍼센트 약물에 24시간 잠갔다가 싹을 틔운다. 이때 약물의 온도는 25~30도로 유지한다. 볏모 판에서는 본엽이 1~1.5잎 된 때부터 알란토인 생장촉진제 0.05~0.1퍼센트 약물을 3.3제곱미터당 0.2리터씩 뿌리되 5~7일 간격으로 서너 번 뿌린다(처음 한두 번은 0.05퍼센트 약물을, 다음은 0.1퍼센트 약물을 뿌린다).

옥수수 씨앗은 20~30도의 0.1퍼센트 약물에 5~7시간 담갔다가 싹을 틔워 심는다. 옥수수 묘상 모판에 알란토인을 뿌릴 때에는 잎이 1~1.5잎 때부터 0.05~0.1퍼센트 약물을 4~5일 간격으로 3.3제곱미터당 0.2리터씩 두 번에서 네 번 뿌려준다(처음 한두 번은 0.05퍼센트 약물을, 다음은 0.1퍼센트 약물을 뿌린다). 감자알에는 심기 전에 0.05~0.1퍼센트 약물을 하루에 한 번씩 4~7일 동안 뿌린다.

채소에는 씨앗과 묘상에 처리한다. 채소 씨앗에 처리할 때는 채소 씨앗을 0.05퍼센트 약물에 처리하고 건져서 같은 농도의 약물을 뿌리면서 싹을 틔운다. 이때 처리 시간은 채소의 종류에 따라 다르게 하되 배추씨는 2~2.5시간, 오이나 무 씨는 3~4시간, 가지씨는 12~24시간 처리하는 것이 좋다.

채소 묘상에 뿌릴 때는 본엽이 1~1.5잎 났을 때부터 5~7일 간격으로 네 번에서 여섯 번 뿌리되 처음에 두세 번은 0.05퍼센트 약물을 정보당 600리터 뿌려주고 그 다음부터는 0.1퍼센트 약물을 뿌려준다.

알란토인 생장촉진제 처리를 한 옥수수는 뿌리가 빨리 내리므로 묘상 모를 조금 빨리 옮겨 심는 것이 좋다. 알란토인 생장촉진제를 철 그릇에 담으면 약효가 떨어지므로 독이나 나무통, 플라스틱 그릇에 넣고 쓰는 것이 좋다.

# 7

# 식물성 농약을 쓸 때 주의할 점

식물성 농약을 생산할 때 주의할 점
식물성 농약을 사용할 때 지켜야 할 점
식물성 농약을 보관할 때 주의할 점

## 식물성 농약을 생산할 때 주의할 점

- 식물성 농약의 쓰는 양을 정확히 지켜야 한다.
- 원료의 종류에 따라 추출하는 시간과 온도를 정확히 지켜야 한다.
- 추출물의 양을 정확히 지켜야 한다.
- 식물성 농약을 현장에서 생산할 경우, 쓰는 날에 생산하는 것을 원칙으로 한다.
- 식물성 농약을 생산할 때에는 원료의 양을 정확히 지켜야 한다.
- 철을 비롯해 구리, 알루미늄과 같은 금속 용기와 시멘트 탱크는 쓰지 말아야 한다. 철을 비롯한 몇 가지 금속 이온은 생

물의 활성 성분을 빠르게 산화, 분해시키므로 활성을 떨어뜨린다. 그러므로 식물성 농약을 추출하는 용기, 포장 용기, 분무기는 스테인리스강, 수지제품, 목제품, 도자기제품을 써야 한다. 시멘트 탱크에는 타일을 붙이거나 페인트칠을 해 쓰기도 한다.
- 원료가 용매에 푹 잠기도록 해야 한다. 원료가 용매에 떠 있는 상태에서는 추출이 잘 되지 않는다. 그러므로 돌이나 나무로 눌러놓고 이따금씩 꾹꾹 눌러주거나 장화를 신고 밟아주는 것이 좋다.

## 식물성 농약을 사용할 때 지켜야 할 점

- 식물성 농약은 씨앗 처리에서부터 농작물이 자라는 생육 기간에 체계적으로 쓰는 것이 좋다.
- 식물성 농약은 잎에 약이 골고루 묻도록 잘 뿌려야 한다. 식물성 농약을 잎에 뿌릴 때는 약물 방울이 될수록 작고 균일해야 하며, 잎의 윗면과 아랫면에 골고루 묻어야 효과가 좋다.
- 벼물바구미를 잡기 위해 식물성 농약을 쓸 때는 해충이 많이 모여 있는 논 가장자리에 집중적으로 뿌리면서 논 가운데로 들어가야 한다. 논에서는 사름이 끝난 다음 논물을 3~4센티미터 깊이로 대고 물꼬를 막은 다음 뿌려야 하며, 논물이 증발해

농약 성분이 벼의 뿌리목에 집중될 때까지 물을 대지 않고 있다가 논물이 마르려고 할 때 천천히 물을 대야 한다. 물이 새는 논에서는 논판이 마르려고 할 때 물을 대고 그 깊이에 해당한 약제를 첨가해 한 번 더 뿌려야 한다.

- 논에서 흑명나방, 벼멸구를 잡기 위해 쓸 때는 추출해서 만든 약제 물량을 정보당 500~1,000리터로 늘린 다음 유화시킨 폐유를 섞어 병해충이 생긴 곳의 전체 면적에 뿌리는 것이 좋다.
- 식물성 농약의 효과는 병해충이 유충일 때 잘 나타나므로 주로 한두 살 때 뿌려야 하며 서너 살 때는 화학 농약을 10퍼센트 정도(한 정보에 뿌려야 할 화학 농약의 10퍼센트 정도) 섞어 뿌리는 것이 좋다. 화학 농약을 섞어 뿌릴 때는 폐유를 섞지 않아도 된다. 효능이 비슷한 식물성 농약을 섞어서 뿌리면 약효가 좋아진다.
- 병충해가 심할 때는 약의 농도를 어느 정도 높이고 비누를 0.1~0.4퍼센트 정도 또는 광물성 기름-비누 에멀션을 0.1~0.5퍼센트 정도 섞어 쓰는 것이 좋다. 이때 유화를 잘 하지 못해 기름방울이 생기지 않도록 해야 한다. 피해 정도에 따라 중성-약산성의 농약을 보통 사용량의 5~10분의 1 정도로 섞어 쓸 수 있다.
- 식물성 농약은 맑은 날에 뿌리는 것이 좋다. 비가 오거나 흐릴 때 약을 치면 효과가 떨어진다. 약을 친 지 4~6시간 뒤에 비가

오면 약을 다시 뿌려야 한다.
- 식물성 농약은 물에 골고루 풀어 써야 하며, 물에 풀어놓은 약물은 그날 다 써야 한다. 식물성 농약을 물에 풀 때 일부 생기는 앙금은 잘 흔들어서 써야 한다. 식물성 농약에 화학 농약이나 비료를 섞을 때는 쓰는 농도로 식물성 농약을 물에 푼 다음 화학 농약이나 비료를 조금씩 넣으면서 풀어야 한다.
- 식물성 농약을 정상적으로 생산해 쓰려면 원료를 미리 충분히 준비해야 한다. 원료는 식물체의 해당 부위(뿌리, 줄기, 잎, 열매, 꽃 따위)에 약 성분이 최대로 올랐을 때 맑게 갠 날 낮에 채취해야 한다.
- 원료 준비량은 볏짚은 본답에서 정보당 150킬로그램씩 세 번 치는 것으로 하여 450킬로그램, 졸참나무 잎은 마른 것 50킬로그램씩 세 번 치는 것으로 하여 150킬로그램, 쑥은 마른 것 25킬로그램씩 세 번 치는 것으로 하여 75킬로그램으로 한다.
- 원료는 종류와 뿌리는 양, 뿌리는 횟수에 따라 넉넉히 준비해야 한다. 감자 줄기의 잎, 오이덩굴, 호박덩굴, 고춧잎과 줄기 따위의 농부산물을 잘 말려 보관했다가 추출해 쓰기 때문에 원료로 준비해 보관하는 것이 좋다.
- 식물성 농약에 섞어 쓰는 광물성 기름은 송유나 폐유 따위를 쓴다. 논에 쓸 때는 정보당 1.5킬로그램씩 세 번 치는 것으로 하여 4.5킬로그램, 밭에 칠 때는 2.5~5킬로그램씩 세 번 치는

것으로 하여 7.5~15킬로그램을 준비하는 것이 좋다.
- 광물성 기름 유화제인 비누를 비롯한 계면 활성제를 미리 준비해야 한다.

### 식물성 농약을 보관할 때 주의할 점

- 추출물이 부패, 변질되지 않게 잘 보관하며, 가급적 낮은 온도에서 햇빛을 직접 받지 않도록 해야 한다. 추출물이 부패, 변질되면 불쾌한 냄새가 나며 앙금이 생긴다.
- 용기에 포장할 때는 가득 채우며 입구를 잘 막아 공기에 의한 약물의 반응을 차단해야 한다.

보리살림총서

# 약 안 치고
# 농사짓기

기획 | 민족의학연구원
책임 편집 | 박민애
편집 | 김종현, 송춘남
감수 | 권오경, 한은정(농촌진흥청)
그림 | 임병국, 최영아
디자인 | Studio Bemine
본문 편집 | 회수 Com
제작 | 심준엽
영업 | 김가연, 박꽃님, 백봉현, 윤정하, 이옥한, 조병범, 최민용
콘텐츠 사업 | 위희진
홍보 | 김누리
경영 지원 | 안명선, 유이분, 전범준, 한선희
인쇄 · 제본 | 영신사

1판 1쇄 펴낸 날 | 2012년 11월 12일
펴낸이 | 윤구병
펴낸 곳 | (주) 도서출판 보리
출판등록 | 1991년 8월 6일 제9-279호
주소 | 경기도 파주시 교하읍 문발리 파주출판도시 498-11 우편번호 413-756
전화 | 031-955-3535(영업) | 031-955-3673(홍보) | 031-955-3533(전송)
누리집 | www.boribook.com 블로그 | boribook.tistory.com
전자우편 | bori@boribook.com 트위터 | @boribook

민족의학연구원
주소 | 서울시 마포구 서교동 481-2 태복빌딩 402호
전화 | 02-322-3169, 02-325-3378(편집실)
전송 | 02-322-3159
홈페이지 | www.kmif.org
전자우편 | iakson@empal.com

ⓒ 민족의학연구원, 보리 2012

이 책의 내용을 쓰고자 할 때는 저작권자와 출판사의 허락을 받아야 합니다.
잘못된 책은 바꾸어드립니다.
값 11,000원

ISBN 978-89-8428-776-1  14520
ISBN 978-89-8428-775-4  (세트)
이 책의 국립중앙도서관 출판시도서목록(CIP)은 e-CIP
홈페이지(http://www.nl.go.kr/ecip)에서 볼 수 있습니다(CIP제어번호 : CIP2012004964).